全国一级造价工程师职业资格考试辅导用书

建设工程技术与计量（安装工程）
一题一分一考点

全国一级造价工程师职业资格考试辅导用书编写委员会　编写

中国建筑工业出版社

图书在版编目（CIP）数据

建设工程技术与计量（安装工程）一题一分一考点/全国一级造价工程师职业资格考试辅导用书编写委员会编写.—北京：中国建筑工业出版社，2019.4
全国一级造价工程师职业资格考试辅导用书
ISBN 978-7-112-23470-7

Ⅰ.①建… Ⅱ.①全… Ⅲ.①建筑安装-建筑造价管理-资格考试-自学参考资料 Ⅳ.①TU723.3

中国版本图书馆CIP数据核字（2019）第047899号

  本书以新考试大纲为依据，以历年考试中的高频考点为基础，同时结合最权威的考试信息，力图在同一道题目中充分体现考核要点的关联性和预见性，并以此提高考生的学习效率。

  本书的内容包括安装工程材料、安装工程施工技术、安装工程计量、通用设备工程、管道和设备工程、电气和自动化控制工程六部分，每一部分均精心设置了可考题目和可考题型，并对每一个考点都进行了详细说明。此外，本书还为考生介绍了考试相关情况说明、备考复习指南、答题方法解读、填涂答题卡技巧及如何学习本书等方面的参考信息，同时附有两套真题和答案，并赠送增值服务。

  本书可供参加全国一级造价工程师职业资格考试的考生学习和参考使用。

责任编辑：张伯熙 曹丹丹
责任校对：李欣慰

全国一级造价工程师职业资格考试辅导用书
建设工程技术与计量（安装工程）一题一分一考点
全国一级造价工程师职业资格考试辅导用书编写委员会 编写
*
中国建筑工业出版社出版、发行（北京海淀三里河路9号）
各地新华书店、建筑书店经销
北京鸿文瀚海文化传媒有限公司制版
天津安泰印刷有限公司印刷
*

开本：787×1092毫米 1/16 印张：12½ 字数：304千字
2019年8月第一版 2020年4月第二次印刷
定价：40.00元（含增值服务）
ISBN 978-7-112-23470-7
（35447）

版权所有 翻印必究
如有印装质量问题，可寄本社退换
（邮政编码100037）

编写委员会

葛新丽　高海静　梁　燕　吕　君
董亚楠　阎秀敏　孙玲玲　张　跃
臧耀帅　何艳艳　王丹丹　徐晓芳

前　言

在项目投资多元化、提倡建设项目全过程造价管理的今天，造价工程师的作用和地位无疑日趋重要。为了帮助参加一级造价工程师职业资格考试的考生准确地把握考试重点并顺利通过考试，我们组成了编写组，以新考试大纲为依据，结合权威的考试信息，提炼大纲要求掌握的知识要点，遵循循序渐进、各个击破的原则，精心筛选和提炼，去粗取精，力求突出重点，编写了"全国一级造价工程师职业资格考试辅导用书"。

本套丛书包括《建设工程造价管理一题一分一考点》《建设工程计价一题一分一考点》《建设工程技术与计量（土木建筑工程）一题一分一考点》《建设工程技术与计量（安装工程）一题一分一考点》《建设工程技术与计量（水利工程）一题一分一考点》《建设工程技术与计量（交通运输工程）一题一分一考点》《建设工程造价案例分析（土木建筑工程）一题一分一考点》《建设工程造价案例分析（安装工程）一题一分一考点》《建设工程造价案例分析（水利工程）一题一分一考点》《建设工程造价案例分析（交通运输工程）一题一分一考点》。

本套丛书以章为单位，按对应知识点进行划分，以一题多选项多解的形式进行呈现。本书的形式打破传统思维，采用归纳总结的方式进行题干与选项的优化设置，将考核要点的关联性充分体现在"同一道题目"当中，该类题型的设置有利于考生对比区分记忆，该方式大大节省了考生的复习时间和精力。

本套丛书特点主要体现在以下方面：

1. 全面性。本书选择重要采分点编排考点，尽量一题涵盖所有相关可考知识点。并将每一考点所可能会出现的选项都整理呈现，对可能出现的错误选项做详细的说明。让考生完整系统地掌握重要考点。

2. 独创性。本书中一个题目可以代替同类辅导书中的 3~8 个题目，同类辅导书限于篇幅的原因，原本某一考点可能会出 6 个题目，却只编写了 2 个题目，考生学习后未必可以彻底掌握该考点，造成在考场答题时出现见过但不会解答的情况，本书可以解决这个问题。

3. 实用性。本书还将历年考试中考核过的题目和选项标记出来，为考生总结出题规律提供依据。

4. 指导性。针对计算型的选择题，本书不仅将正确答案的计算过程详细列出，而且还会告诉考生得出错误选项的计算过程错在哪里。

5. 关联性。案例分析部分以考点为核心，并以典型例题列举体现，将例题中涉及的知识点进行重点解析，重点阐释各知识点的潜在联系，明示各种题型组合。并且在重要考点后附同步练习题，以便考生巩固学习。

本套丛书是在作者团队的通力合作下完成的，相信我们的努力，一定会帮助考生轻松过关。

为了配合考生备考复习，我们开通了答疑 **QQ 群 1048404569**（加群密码：助考服务），配备了专家答疑团队，以便及时解答考生所提的问题。

由于时间仓促，书中难免会存在不足之处，敬请读者批评指正。

考试相关情况说明

一、报考条件

报考科目	报考条件
考全科	凡遵守中华人民共和国宪法、法律、法规，具有良好的业务素质和道德品行，具备下列条件之一者，可以申请参加一级造价工程师职业资格考试： （1）具有工程造价专业大学专科（或高等职业教育）学历，从事工程造价业务工作满 5 年； 具有土木建筑、水利、装备制造、交通运输、电子信息、财经商贸大类大学专科（或高等职业教育）学历，从事工程造价业务工作满 6 年。 （2）具有通过工程教育专业评估（认证）的工程管理、工程造价专业大学本科学历或学位，从事工程造价业务工作满 4 年； 具有工学、管理学、经济学门类大学本科学历或学位，从事工程造价业务工作满 5 年。 （3）具有工学、管理学、经济学门类硕士学位或者第二学士学位，从事工程造价业务工作满 3 年。 （4）具有工学、管理学、经济学门类博士学位，从事工程造价业务工作满 1 年。 （5）具有其他专业相应学历或者学位的人员，从事工程造价业务工作年限相应增加 1 年
免考基础科目	具有以下条件之一的，参加一级造价工程师考试可免考基础科目： （1）已取得公路工程造价人员资格证书（甲级）； （2）已取得水运工程造价工程师资格证书； （3）已取得水利工程造价工程师资格证书。 申请免考部分科目的人员在报名时应提供相应材料

二、考试科目、时间、题型、试卷分值与合格标准

考试科目	考试时间	考试题型	试卷分值	合格标准
建设工程造价管理	上午 9：00—11：30	单项选择题、多项选择题	100 分	60 分
建设工程计价	下午 14：00—16：30	单项选择题、多项选择题	100 分	60 分
建设工程技术与计量（土木建筑工程、安装工程、交通运输工程、水利工程）	上午 9：00—11：30	单项选择题、多项选择题	100 分	60 分
建设工程造价案例分析（土木建筑工程、安装工程、交通运输工程、水利工程）	下午 14：00—18：00	案例分析题	120 分	72 分

三、考试成绩管理

一级造价工程师职业资格考试成绩实行 4 年为一个周期的滚动管理办法，在连续的 4 个考试年度内通过全部考试科目，方可取得一级造价工程师职业资格证书。

四、合格证书

一级造价工程师职业资格考试合格者，由各省、自治区、直辖市人力资源社会保障行政主管部门颁发中华人民共和国一级造价工程师职业资格证书。该证书由人力资源社会保障部统一印制，住房城乡建设部、交通运输部、水利部按专业类别分别与人力资源社会保障部用印，在全国范围内有效。

五、注册

国家对造价工程师职业资格实行执业注册管理制度。取得造价工程师职业资格证书且从事工程造价相关工作的人员，经注册方可以造价工程师名义执业。

经批准注册的申请人，由住房城乡建设部、交通运输部、水利部核发《中华人民共和国一级造价工程师注册证》（或电子证书）。

六、执业

一级造价工程师的执业范围包括建设项目全过程的工程造价管理与咨询等，具体工作内容有：

（1）项目建议书、可行性研究投资估算与审核，项目评价造价分析；

（2）建设工程设计概算、施工预算编制和审核；

（3）建设工程招标投标文件工程量和造价的编制与审核；

（4）建设工程合同价款、结算价款、竣工决算价款的编制与管理；

（5）建设工程审计、仲裁、诉讼、保险中的造价鉴定，工程造价纠纷调解；

（6）建设工程计价依据、造价指标的编制与管理；

（7）与工程造价管理有关的其他事项。

造价工程师应在本人工程造价咨询成果文件上签章，并承担相应责任。工程造价咨询成果文件应由一级造价工程师审核并加盖执业印章。

备考复习指南

一级造价工程师职业资格考试临近，你准备好了吗？下面是为你研究制定的一套备考方略：

1. 准备好考试大纲和教材——将考试大纲要求掌握的内容，用不同的符号或不同颜色的笔迹在考试指定教材中做好标记，以备在学习中随时掌控。

2. 收集近几年的考试真题——在教材中将每一题的出处找到，并标记是哪一年的考题，当把近几年的考题全部标记好后，你就会恍然大悟，原来考试的命题规律也就这么几招。

3. 总结命题考点——根据你在教材中标记的历年考题，统计各章各节在历年考题所占的分值，一定要统计出来，圈定考试命题点，为以后有重点地学习，做到心中有数。

4. 全面通读教材——通读教材需要一定的时间和精力投入，考生宜早做安排。强调对教材的通读，是要突出对教材内容全面理解和融会贯通，并不是要求考生把指定教材的全部内容逐字逐句地背下来。通读教材要注意准确把握文字背后的复杂含义，还要注意不同章节的内在联系，能够从整体上对应考科目进行全面系统的掌握。

5. 突击考试重要考点——在对教材全面通读的基础上，考生更要注意抓住重点进行复习。每门课程都有其必考知识点，这些知识点在每年的试卷上都会出现，只不过是命题形式不同罢了，可谓万变不离其宗。对于重要的知识点，考生一定要深刻把握，能够举一反三，做到以不变应万变。

6. 通过习题练习巩固已掌握的知识——找一本好的复习资料进行巩固练习，好的资料应该按照考试大纲和指定教材的内容，以"考题"的形式进行归纳整理，并附有一定的参考价值的练习习题，但复习资料不宜过多，选一两本就行了，多了容易分散精力，反而不利于复习。

7. 实战模拟——建议考生找三套模拟试题，一套在通读教材后做，找到薄弱环节，在突击考试重要考点时作为参考。一套在考试前一个月做，判断一下自己的水平，针对个别未掌握的内容有针对性地去学习。一套在考试前一周做，按规定的考试时间来完成，掌握答题的速度，体验考场的感觉。

8. 胸有成竹，步入考场——进入考场后，排除一切杂念，尽量使自己很快平静下来。试卷发下来以后，要听从监考老师的指令，填好姓名、准考证号和科目代码，涂好准考证号和科目代码等。紧接着就安心答题。

9. 通过考试，领取证书——考生按上述方法备考，一定可以通过考试。

答题方法解读

1. 单项选择题答题方法：单项选择题每题1分，由题干和4个备选项组成，备选项中只有1个最符合题意，其余3个都是干扰项。如果选择正确，则得1分，否则不得分。单项选择题大部分来自考试用书中的基本概念、原理和方法，一般比较简单。如果考生对试题内容比较熟悉，可以直接从备选项中选出正确项，以节约时间。当无法直接选出正确选项时，可采用逻辑推理的方法进行判断选出正确选项，也可通过逐个排除不正确的干扰选项，最后选出正确选项。通过排除法仍不能确定正确项时，可以凭感觉进行猜测。当然，排除的备选项越多，猜中的概率就越大。单项选择题一定要作答，不要空缺。单项选择题必须保证正确率在75%以上，实际上这一要求并不是很高。

2. 多项选择题答题方法：多项选择题每题2分，由题干和5个备选项组成，备选项中至少有2个、最多有4个最符合题意，至少有1个是干扰项。因此，正确选项可能是2个、3个或4个。如果全部选择正确，则得2分；只要有1个备选项选择错误，该题不得分。如果答案中没有错误选项，但未全部选出正确选项时，选择的每1个选项得0.5分。多项选择题的作答有一定难度，考生考试成绩的高低及能否通过考试科目，在很大程度上取决于多项选择题的得分。考生在作答多项选择题时首先选择有把握的正确选项，对没有把握的备选项最好不选，宁缺毋滥，除非有绝对选择正确的把握，最好不要选4个答案是正确的。当对所有备选项均没有把握时，可以采用猜测法选择1个备选项，得0.5分总比不得分强。多项选择题中至少应该有30%的题考生是可以完全正确选择的，这就是说可以得到多项选择题的30%的分值，如果其他70%的多项选择题，每题选择2个正确答案，那么考生又可以得到多项选择题的35%的分值，这样就可以稳妥地过关。

3. 案例分析题答题方法：案例分析题的目的是综合考核考生对有关的基本内容、基本概念、基本原理、基本原则和基本方法的掌握程度以及检验考生灵活应用所学知识解决工作实际问题的能力。案例分析题是在具体业务活动的背景材料基础上，提出若干个独立或有关联的小问题。每个小题可以是计算题、简答题、论述题或改错题。考生首先要详细阅读案例分析题的背景材料，建议阅读两遍，理清背景材料中的各种关系和相关条件。看清楚问题的内容，充分利用背景材料中的条件，确定解答该问题所需运用的知识内容，问什么回答什么，不要"画蛇添足"。案例分析题的评分标准一般要分解为若干采分点，最小采分点一般为0.5分，所以解答问题要尽可能全面、针对性强、重点突出、逐层分析、依据充分合理、叙述简明、结论明确，有计算要求的要写出计算过程。

填涂答题卡技巧

考生在标准化考试中最容易出现的问题是填涂不规范，以致在机器阅读答题卡时产生误差。解决这类问题的最简单方法是将铅笔削好，铅笔不要削得太细太尖，应将铅笔削磨成马蹄状或直接削成方形，这样，一个答案信息点最多涂两笔就可以涂好，既快又标准。

在进入考场接到答题卡后，不要忙于答题，而应在监考老师的统一组织下将答题卡表头中的个人信息、考场考号、科目信息按要求进行填涂，即用蓝色或黑色钢笔、签字笔填写姓名和准考证号；用2B铅笔涂黑考试科目和准考证号。不要漏涂、错涂考试科目和准考证号。

在填涂选择题时，考生可根据自己的习惯选择下列方法进行：

先答后涂法——考生接到试题后，先审题，并将自己认为正确的答案轻轻标记在试卷相应的题号旁，或直接在自己认为正确的备选项上做标记。待全部题目做完后，经反复检查确认不再改动后，将各题答案移植到答题卡上。采用这种方法时，需要在最后留有充足的时间进行答案移植，以免移植时间不够。

边答边涂法——考生接到试题后，一边审题，一边在答题卡相应位置上填涂，边审边涂，齐头并进。采用这种方法时，一旦要改变答案，需要特别注意将原来的选择记号用橡皮擦干净。

边答边记加重法——考生接到试题后，一边审题，一边将所选择的答案用铅笔在答题卡相应位置上轻轻记录，待审定确认不再改动后，再加重涂黑。需要在最后留有充足的时间进行加重涂黑。

本书的特点与如何学习本书

本书作者专职从事考前培训、辅导用书编写等工作，他们有一套科学独特的学习模式，为考生提供考前名师会诊，帮助考生制订学习计划、圈画考试重点、厘清复习脉络、分析考试动态、把握命题趋势，为考生提示答题技巧、解答疑难问题、提供预测押题。

本套丛书把历年考题的出题方式、出题点、采分点都做了归类整理。作者通过翻阅大量的资料，把一些重点难点的知识通过口语化、简单化的方式呈现出来。

本套丛书主要是将近几年的各考试科目的考题按考试年度进行归纳、解析、总结，通过优化整合真题的命题规律，分析当年考试的命题规律，从而启发考生复习备考的思路，引导考生应该着重对哪些内容进行学习。这部分内容主要是对考试大纲的细化。根据考试大纲的要求，提炼考点，每个考点的试题均根据考试大纲和历年考题的考点分布的规律去编写，题量的设置也是依据历年考题的分值分布情况来安排。

本套丛书是供考生在系统学习辅导教材之后复习时使用的学习资料，旨在帮助考生提炼考试考点，以节省考生时间，达到事半功倍的复习效果。书中提炼了辅导教材中应知应会的重点内容，指出了经常涉及的考点以及应掌握的程度。同时，对应重点内容讲解了近年的考题，使考生加深对出题点、出题方式和出题思路的了解，进一步领悟考试的命题趋势和命题重点。

本套丛书根据考前辅导网上答疑提问频率的情况，对众多考生提出的有关领会辅导教材实质精神、把握考试命题规律的一些共性问题，有针对性、有重点地进行解答，并将问题按照知识点和考点加以归类，是从考生的角度进行学以致考的经典问题汇编，对广大考生具有很强的借鉴作用。

本套丛书既能使考生全面、系统、彻底地解决在学习中存在的问题，又能让考生准确地把握考试的方向。本书的作者旨在将多年积累的应试辅导经验传授给考生，对辅导教材中的每一部分都做了详尽的讲解，辅导教材中的问题都能在书中解决，完全适用于自学。

一、本书为什么采取这种体例来编写？

（1）为了不同于市场上同类书别具一格。市场上的同类书总结一下有这几种：一是几套真题＋几套模拟试卷；二是对教材知识的精编；三是知识点＋历年真题＋练习题。同质性很严重，本书将市场上的这三种体例融合到一起，创造一种市场上从未有过的体例来编写。

（2）为了让读者完整系统地掌握重要考点。本书根据考试大纲和历年真题的命题规律，选择高频采分点编排考点，尽量一题涵盖所有相关可考知识点。对于那些隔几年考一次的考点，我们会给读者说明。可以说学会本书内容，不仅可以过关，而且还可能会得到高分。

（3）为了让读者掌握所有可能出现的题目。本书将每一考点所有可能出现的题目都一一列举，并将可能会设置互为干扰项的整合到一起，形成对比。本书的形式打破传统思维，采用归纳总结的方式进行题干与选项的优化设置，将考核要点的关联性充分地体现在"同一道题目"当中，该类题型的设置有利于考生对比区分记忆，该方式大大压缩了考生的复习时间和精力。众多易混选项的加入，更有助于考生更全面地、多角度地精准记忆，从而提高了考生的复习效率。

（4）为了让读者既掌握正确答案的选择，又会区分干扰答案。本书不但将每一题目的所有可能出现的正确选项一一列举，而且还将所有可能作为干扰答案的选项一一列举。本书一个题目可以代替其他辅导书中的3~8个题目，其他辅导书限于篇幅的原因，原本某一考点可能会出6个题目，却只编写了2个题目，考生学习后未必可以全部掌握该考点，造成在考场上答题时觉得见过，但不会解答的情况，本书可以解决这个问题。

二、本书的内容是如何安排的？

（1）针对题干的设置。本书在设置每一考点的题干时，看似只是对一个考点的提问，其实不然，部分题干中也可以独立成题。

（2）针对选项的设置。本书中的每一个题目，不仅把所有正确选项和错误选项一一列举，而且还把可能会设置为错误选项的题干也做了全面的总结，体现在该题中。

（3）多角度问答。【细说考点】中会将相关考点以多角度问答方式进行充分的提问与表达，旨在帮助考生灵活应对较为多样的考核形式，可以做到以一题抵多题。

（4）真题标记。本书中的"【××××年】"是指该选项或考点曾在真题中出现过的年份，便于考生对考试趋向有所了解。

（5）针对可以作为互为干扰项的内容，本书将涉及原则、方法、依据等容易作为互为干扰项的知识分类整理到一个考点中，因为这些考点在考题中通常会互为干扰项出现。

（6）针对计算型的选择题，本书不仅将正确答案的计算过程详细列出，而且还会告诉考生选择了错误选项的错误做法。有些计算题可能有几种不同的计算方法，我们都会一一介绍。

（7）针对很难理解的内容，我们会总结一套很易于接受的直接应对解答习题的方法来引导考生。

（8）针对很难记忆的内容，我们会编成顺口溜等形式帮助考生记忆。

（9）针对容易混淆的内容，我们会将容易混淆的知识点整理归纳在一起，指出哪些细节容易混淆，该如何清晰辨别。

三、考生如何学习本书？

本书是以题的形式来体现考题的必考点、常考点的，因为考生的目的是通过学习知识，在考场上解答考题而通过考试。具体在每一章设置了以下两个板块：【本章可考题目与题型】【细说考点】。

下面说一下如何来学习本书：

1. 如何学习【本章可考题目与题型】？

（1）该部分是将每章内容划分为若干个常考的考点为单元来讲解的。这些考点是必考点，必须要掌握，只要把这些考点掌握了，通过是考试是没有问题的。尤其是对那些没有大量时间来学习的考生更适用。

（2）每一考点下以一题多选项多解的形式进行呈现。这样可以将本考点下所有可能会出现的考试知识点一网打尽，不需考生再多做习题。本书中的每一个题目相当于其他同类书中的5个以上的题目。

（3）该题目的题干是综合了历年考试题目的叙述方法而总结而成，很具有代表性。题干中既包含本题所需要解答的问题，又包括本考点下可能以单项选择题出现的知识点。虽然看上去都是以多项选择题的形式出现的，但是单项选择题的采分点也包括在本题题干中了。每一个题干的第一句话就是单项选择题的采分点。

（4）每一道题目的选项不仅将该题所可能会出现的正确选项都整理、总结、一一罗列，而且还将可能会作为干扰选项的都详细整理呈现（这些干扰选项也是其他考点的正确选项，会在【细说考点】中详细解释），只要考生掌握了这个题目，不论怎么命题都不会超出这个范围。

（5）每一道题目的正确选项和错误选项整理在一起，有助于考生总结一些规律来记忆，本书在【细说考点】中为考生总结了规律。考生可以根据自己总结的规律学习，也可以根据我们总结的规律来学习。

（6）本书还将历年考试中考核过的题目和选项逐一标记出来，这样更能将该题的重要程度给考生以提示，为考生总结出题规律提供依据。考生应该总结每一选项作为考题出现的频率，来指导自己应该怎样选择性地学习。

2. 如何学习【细说考点】？

（1）提示考生在这一考点下有哪些采分点，并对其采分点的内容进行了总结和归类，有助于考生对比学习，这些内容一定要掌握。

（2）提示考生哪些内容不会作为考试题目出现，这些内容就不需要考生去学习，本书也不会讲解这方面的重点，这样会减轻考生的学习负担。

（3）提示本题的干扰项会从哪些考点的知识中选择，考生应该根据这些选项总结出如何来区分正确与否的方法。

（4）把本章各节或不同章节具有相关性（比如依据、原则、方法等）的考点归类在某一考点下，给考生很直观的对比和区分。因为在历年的考题中，这些相关性的考点都是互相作为干扰选项而出现的。而且本书还将与本题具有相关性的考点分别编写了一个题目供考生对比学习。

（5）对本考点总结一些学习方法、记忆规律、命题规律，这些都是给考生以方法上的指导。

（6）提示考生除了掌握本题之外，还需要掌握哪些知识点，本书不会遗漏任何一个可考知识点。本书通过表格、图形的方式归纳可考知识点，这样会给考生很直观的学习思路。

（7）对所有的错误选项做详细的讲解。考生应该通过对错误选项详解的学习可以将此改为正确选项。

（8）提示考生某一考点在命题时会有几种题型出现，不管以哪种题型出现，解决问题的知识点是不会改变的，考生一定要掌握正面和反面出题的解题思路。

（9）提示考生对易混淆的概念如何来判断其说法是否正确。

（10）把某一题型的所有可设置的正确选项做详细而易于掌握记忆的总结，就是把所有可能作为选项的知识通过通俗易懂的理论进行阐述，考生可根据该理论轻松确定选项是否正确。

（11）有些题目只列出了正确选项，把可能会出现的错误选项在【细说考点】中总结归纳，这样安排是避免考生在学习过程中混淆。此种安排只是针对那些容易混淆的知识而设置。

（12）有些计算题、网络图，在本书中总结了好几种不同的解题方法，考生可根据自己的喜好选择一种方法学习，没有必要几种方法都掌握。

四、本书可以提供哪些增值服务？

序号	增值项目	说明
1	学习计划	专职助教为每位考生合理规划学习时间，制订学习计划，提供备考指导
2	复习方法	专职助教针对每位考生学习情况，提供复习方法
3	知识导图	免费为每位考生提供各科目的知识导图
4	重、难知识点归纳	专职助教把所有重点、难点归纳总结，剖析考试精要
5	难点解题技巧	对于计算题、难度大的、典型的案例分析题可通过微信公众号获取详细解题过程，学习解题思路
6	必考5页纸	考前一周免费为考生提供浓缩知识点
7	每日必刷题	通过QQ或微信免费为考生提供每日必刷题，并提供详细的答案解析，帮助考生掌握高频考点
8	轻松备考	通过微信公众号获得考试资讯、行业动态、应试技巧、权威老师重点内容讲解，可随时随地学习
9	两套押题试卷	在考前两周免费为考生提供两套押题试卷，作为考试前冲刺
10	在线答疑	通过QQ或微信免费为每位考生解答疑难问题，解决学习过程中的疑惑

目 录

考试相关情况说明
备考复习指南
答题方法解读
填涂答题卡技巧
本书的特点与如何学习本书

第一章 安装工程材料 ······· 1
 考点1 常用的工程材料分类 ······· 1
 考点2 钢中化学元素对其性质的影响 ······· 1
 考点3 常用钢及其合金的性能和特点 ······· 2
 考点4 铸铁 ······· 4
 考试5 常用有色金属的性能和特点 ······· 5
 考点6 热塑性塑料 ······· 6
 考点7 金属钢管 ······· 7
 考点8 塑料管 ······· 8
 考点9 焊条 ······· 10
 考点10 涂料 ······· 10
 考点11 法兰的种类 ······· 12
 考点12 垫片 ······· 13
 考点13 阀门 ······· 14
 考点14 补偿器 ······· 15
 考点15 常用电缆 ······· 16
 考点16 光缆 ······· 17

第二章 安装工程施工技术 ······· 19
 考点1 切割 ······· 19
 考点2 焊接 ······· 20
 考点3 焊接材料的选择 ······· 22
 考点4 焊接接头、坡口及组对 ······· 23
 考点5 焊后热处理 ······· 24
 考点6 无损检测（探伤） ······· 25
 考点7 金属表面除锈方法 ······· 27
 考点8 钢材表面除锈质量等级 ······· 27
 考点9 涂料涂层施工方法 ······· 28
 考点10 衬铅和搪铅衬里 ······· 29

考点 11	绝热工程防潮层、保护层施工	30
考点 12	起重机	31
考点 13	吊装方法	32
考点 14	吊装计算荷载	32
考点 15	管道系统的吹扫与清洗	33
考点 16	管道压力试验	34

第三章 安装工程计量 ······ 36

考点 1	安装工程分类编码体系	36
考点 2	安装工程计量项目的划分	36
考点 3	分部分项工程量清单	38
考点 4	措施项目清单内容	39
考点 5	其他项目清单	43

第四章 通用设备工程 ······ 44

考点 1	机械设备的分类	44
考点 2	机械设备安装准备工作	45
考点 3	地脚螺栓的分类和适用范围	45
考点 4	垫铁	46
考点 5	固体输送设备	47
考点 6	泵的分类	48
考点 7	离心泵的种类、特点及用途	49
考点 8	离心式、轴流式通风机的分类与特性	50
考点 9	风机试运转	51
考点 10	活塞式与透平式压缩机的性能	52
考点 11	机械设备安装工程计量	52
考点 12	锅炉的主要性能指标	54
考点 13	工业锅炉本体安装	54
考点 14	锅炉安全附件的安装	55
考点 15	锅炉煮炉	56
考点 16	锅炉除尘设备	56
考点 17	热力设备安装工程计量	57
考点 18	消防水泵接合器	58
考点 19	室内消火栓系统安装	59
考点 20	自动喷水灭火系统特点及适用范围	60
考点 21	水喷雾灭火系统特性及适用范围	61
考点 22	喷水灭火系统管道安装	62
考点 23	气体灭火系统的特性及适用范围	63
考点 24	泡沫灭火系统的分类及适用范围	64

考点 25　固定消防炮灭火系统 ··· 65
考点 26　消防工程计量 ··· 66
考点 27　常用电光源及其特性 ·· 68
考点 28　灯器具安装 ··· 69
考点 29　电动机的启动方法 ·· 71
考点 30　常用低压电气设备 ·· 72
考点 31　配管配线工程——常用导管的选择 ·· 73
考点 32　配管配线工程——导管的加工 ··· 74
考点 33　配管配线工程——导管的敷设要求 ·· 75
考点 34　配管配线工程——导线连接 ··· 75

第五章　管道和设备工程 ·· 77
　考点 1　室内给水系统的给水方式 ··· 77
　考点 2　室内给水系统的管材 ··· 79
　考点 3　室内给水管道安装 ·· 80
　考点 4　室内给水管道防护和水压试验 ··· 81
　考点 5　室内排水管道安装 ·· 81
　考点 6　清通设备 ··· 82
　考点 7　常见采暖系统形式和特点 ··· 83
　考点 8　散热器 ··· 85
　考点 9　用户燃气系统——室外燃气管道 ·· 86
　考点 10　用户燃气系统——室内燃气管道 ··· 87
　考点 11　给水排水、采暖、燃气工程计量 ··· 87
　考点 12　通风方式 ·· 88
　考点 13　气力输送系统 ··· 90
　考点 14　通风机 ·· 91
　考点 15　风阀 ·· 91
　考点 16　局部排风罩 ··· 92
　考点 17　消声器 ·· 92
　考点 18　空气净化设备 ··· 93
　考点 19　空调系统的分类 ··· 94
　考点 20　空调系统主要设备及部件 ·· 95
　考点 21　空调系统的电制冷装置 ·· 96
　考点 22　通风系统风管的制作与连接 ··· 96
　考点 23　通风（空调）系统试运转及调试 ··· 97
　考点 24　通风空调工程计量 ··· 98
　考点 25　热力管道的敷设方式 ·· 99
　考点 26　热力管道的安装 ·· 100

考点 27	压缩空气站设备	100
考点 28	压缩空气管道的安装	101
考点 29	夹套管安装	102
考点 30	合金钢管安装	103
考点 31	不锈钢管道安装	103
考点 32	铝及铝合金管道安装	104
考点 33	衬胶管道	104
考点 34	高压钢管、螺纹及阀门的检验	105
考点 35	工业管道工程计量	106
考点 36	压力容器的分类	107
考点 37	塔设备分类与性能	108
考点 38	换热器的分类与性能	109
考点 39	球罐的质量检验	110
考点 40	气柜安装质量检验	111
考点 41	静置设备工程量计算规则	112

第六章 电气和自动化控制工程 … 114

考点 1	变电所的类别	114
考点 2	高压变配电设备	115
考点 3	低压变配电设备	116
考点 4	变配电工程安装	117
考点 5	电气线路工程安装	118
考点 6	建筑物的防雷分类	118
考点 7	防雷系统安装方法及要求	119
考点 8	接地系统安装方法及要求	119
考点 9	电气设备基本试验	120
考点 10	电气工程计量	121
考点 11	自动控制系统的组成	121
考点 12	自动控制系统的常用术语	122
考点 13	自动控制系统的类型	122
考点 14	传感器	123
考点 15	调节装置	123
考点 16	温度检测仪表	124
考点 17	压力检测仪表	125
考点 18	流量仪表	126
考点 19	自动化控制系统工程计量	126
考点 20	网络的范围与功能	127
考点 21	网络传输介质	127

考点 22　网络设备 ……………………………………………………… 128
考点 23　有线电视系统 …………………………………………………… 129
考点 24　卫星电视接收系统 ……………………………………………… 131
考点 25　电话通信系统 …………………………………………………… 131
考点 26　扩声和音响系统 ………………………………………………… 132
考点 27　通信线路工程 …………………………………………………… 133
考点 28　通信设备及线路工程计量 ……………………………………… 134
考点 29　智能建筑体系构成与服务功能 ………………………………… 135
考点 30　建筑自动化系统 ………………………………………………… 135
考点 31　防盗报警系统的组成与信号的传输 …………………………… 136
考点 32　防盗报警系统常用的入侵探测器 ……………………………… 136
考点 33　电视监控系统 …………………………………………………… 137
考点 34　出入口控制系统 ………………………………………………… 138
考点 35　访客对讲系统 …………………………………………………… 139
考点 36　电子巡更系统 …………………………………………………… 139
考点 37　火灾报警系统 …………………………………………………… 140
考点 38　办公自动化系统 ………………………………………………… 141
考点 39　综合布线系统的划分、结构及部件 …………………………… 142
考点 40　综合布线系统设计 ……………………………………………… 143
考点 41　建筑智能化工程计量 …………………………………………… 145

2017 年度全国造价工程师执业资格考试试卷《建设工程技术与计量（安装工程)》 …………………………………………………………………… 146

2017 年度全国造价工程师执业资格考试试卷参考答案《建设工程技术与计量（安装工程)》 …………………………………………………… 158

2018 年度全国一级造价工程师职业资格考试试卷《建设工程技术与计量（安装工程)》 …………………………………………………………… 159

2018 年度全国一级造价工程师职业资格考试试卷参考答案《建设工程技术与计量（安装工程)》 ……………………………………………… 170

2019 年度全国一级造价工程师职业资格考试试卷《建设工程技术与计量（安装工程)》 …………………………………………………………… 171

2019 年度全国一级造价工程师职业资格考试试卷《建设工程技术与计量（安装工程)》参考答案及详解 ………………………………………… 182

第一章 安装工程材料

考点1 常用的工程材料分类

（题干）耐蚀（酸）非金属材料的主要成分是金属氧化物、氧化硅和硅酸盐等。下面选项中属于耐蚀（酸）非金属材料的是（BFGHI）。

A. 硅藻土
B. 铸石【2016年】
C. 蛭石
D. 石棉制品
E. 玻璃纤维
F. 石墨【2016年】
G. 耐酸水泥【2016年】
H. 天然耐酸石材【2016年】
I. 玻璃【2016年】
J. 聚四氟乙烯
K. 聚乙烯
L. 聚丙烯
M. 耐火砌体材料
N. 耐火水泥
O. 耐火混凝土

细说考点

1.本考点属于记忆型题目，在考试中通常会以多项选择题的形式进行考核，并将其他材料作为干扰项。还可能会作为考题的题目：

（1）耐火隔热材料是各种工业用炉的重要筑炉材料，下列选项中属于耐火隔热材料的是（ACDE）。

（2）作为无机非金属材料之一的耐火材料主要包括（MNO）。

（3）高分子材料包括橡胶、塑料及合成纤维，下列材料中属于塑料的是（JKL）。

2.看完以上题目就会发现，这一考点确实没有难度，只要背过就一定能拿到分数，在此提醒考生一下，在答题过程中一定要注意审题，比如题目（1）和（2），考核对象只差"隔热"二字，如果审题不仔细，还是很容易选错。

考点2 钢中化学元素对其性质的影响

（题干）钢中含有少量的碳、硅、锰、硫、磷、氧和氮等元素，其中碳对钢材性能的影响有（ABCDEF）。

A. 对钢的性质有决定性影响【2017年】

B. 当含碳量低时，使钢材强度较低，但塑性大

C. 当含碳量低时，使钢材延伸率和冲击韧性高【2018年】

D. 当含碳量低时，使钢材质地较软，易于冷加工、切削和焊接

E. 当含碳量高时，使钢材强度高、塑性小、硬度大、脆性大和不易加工

F. 当含碳量超过1.00%时，钢材强度开始下降【2013年、2014年、2015年】

G. 使钢材显著产生冷脆性

H. 使钢材产生热脆性

I. 使钢材强度、硬度提高，而塑性、韧性不显著降低

细说考点

1. 钢中含有少量的碳、硅、锰、硫、磷、氧和氮等元素，这些化学元素对钢材的影响是考生应掌握的内容。特别是碳对钢材的影响考核的最多，应该着重掌握。

2. 含碳量的高与低对钢材的影响可以对比记忆：

含碳量低	强度较低	塑性大	质地较软	延伸率和冲击韧性高【2018年】	易于冷加工、切削和焊接
含碳量高	强度高（应当注意的是当含碳量超过1.00%时，钢材强度开始下降）【2013年、2014年、2015年】	塑性小	硬度大	脆性大	不易加工

3. 本考点还可能会作为考题的题目：

(1) 磷对钢材性能的影响表现在（G）。【2019年】

(2) 硫对钢材性能的影响表现在（H）。

(3) 硅、锰等元素对钢材性能的影响表现在（I）。

考点3 常用钢及其合金的性能和特点

（题干）普通碳素结构钢中，牌号为Q235的钢，其性能和使用特点为（DG）。【2012年、2017年】

A. 强度不高，塑性、韧性、加工性能与焊接性能较好，主要用于轧制薄板和盘条

B. 主要用于制作管坯、螺栓

C. 强度和硬度较高，耐磨性较好，但塑性、冲击韧性和可焊性差，主要用于制造轴类、农具、耐磨零件和垫板【2016年】

D. 强度适中，有良好的承载性，又具有较好的塑性和韧性，可焊性和可加工性也好，

是钢结构常用的牌号【2012年、2017年】

E. 塑性和韧性较高,并可通过热处理强化,多用于较重要的零件,是广泛应用的机械制造用钢【2015年】

F. 良好的焊接性能、冷热压加工性能和耐蚀性,部分钢种还具有较低的脆性转变温度

G. 大量制作成钢筋、型钢和钢板,主要用于建造房屋和桥梁【2017年】

H. 广泛用于制造各种要求韧性高的重要机械零件和构件

I. 具有较高的强度、硬度和耐磨性,通常用于弱腐蚀性介质环境中【2015年】

J. 具有较高的韧性、良好的耐蚀性、高温强度和较好的抗氧化性,以及良好的压力加工和焊接性能【2011年】

K. 屈服强度低,且不能采用热处理方法强化,而只能进行冷变形强化【2012年、2013年、2016年】

L. 用于制造高强度和耐蚀的容器、结构和零件,也可用作高温零件

> **细说考点**
>
> 1. 针对本考点,在学习过程中应将各类钢及其合金的性能、特点及应用范围结合起来有对比性的学习,因为在考试中,这些会互相作为干扰选项。还可能会作为考题的题目:
>
> (1) 普通碳素结构钢中,牌号为Q195的钢,其性能和使用特点为(A)。
>
> (2) 普通碳素结构钢中的Q215钢,其主要用途是(B)。
>
> (3) 普通碳素结构钢中,牌号为Q275的钢,其性能和使用特点为(C)。【2016年】
>
> (4) 优质碳素结构钢是含碳小于0.8%的碳素钢,这种钢中所含的硫、磷及非金属夹杂物比碳素结构钢少。与普通碳素结构钢相比,优质碳素结构钢的特点表现在(E)。【2015年】【2019年】
>
> (5) 普通低合金钢比碳素结构钢具有较高的韧性,同时具有(F)等特性。
>
> (6) 当零件的形状复杂、截面尺寸较大、要求韧性高时,采用优质低合金钢可使复杂形状零件的淬火变形和开裂倾向降到最小。因此优质低合金钢的主要用途是(H)。
>
> (7) 沉淀硬化型不锈钢的突出优点是经沉淀硬化热处理以后具有高强度,耐蚀性优于铁素体型不锈钢。其主要用途是(L)。
>
> (8) 马氏体型不锈钢的优点是具有(I)。【2015年】
>
> (9) 主要合金元素为铬、镍、钛、铌、钼、氮和锰的奥氏体型不锈钢,其性能特点为(JK)。【2011年、2012年】
>
> 2. 除了上面那种问法外还会有另外一种问法,即给出性能和特点让大家判断是哪种钢及合金。在历年考试中,曾多次采用这种问法,例如:
>
> (1) 某普通碳素结构钢其强度、硬度较高,耐磨性较好,但塑性、冲击韧性和可焊性较差,此种钢材为(C)。【2016年】
>
> A. Q235钢　　　　　　　　　　B. Q255钢
> C. Q275钢　　　　　　　　　　D. Q295钢

(2) 某种钢材，其塑性和韧性较高，可通过热处理强化，多用于制作较重要的、荷载较大的机械零件，是广泛应用的机械制造用钢。此种钢材为（B）。【2015 年】

A. 普通碳素结构钢　　　　　　　　B. 优质碳素结构钢
C. 普通低合金钢　　　　　　　　　D. 奥氏体型不锈钢

总结：无论采用何种提问方式，认真记忆各类钢及其合金的性能和特点才是解题的关键，力求做到以不变应万变。

考点 4　铸铁

（题干） 某种铸铁是由石墨和基体两部分组成，其价格便宜，产量高，应用非常广泛，化学成分和冷却速度是影响其组织和性能的主要因素。此铸铁为（D）。

A. 可锻铸铁【2017 年、2018 年】　　　　B. 球墨铸铁【2019 年】
C. 蠕墨铸铁　　　　　　　　　　　　　D. 灰铸铁
E. 耐蚀铸铁　　　　　　　　　　　　　F. 耐磨铸铁
G. 耐热铸铁

细说考点

1. 本考点的命题采分点就是判断某一种铸铁的性能和特点，咱们一起把可能会作为考题的题目捋一遍：

(1) 某种铸铁铸造性能很好，成本低廉，生产方便，具有较好的耐疲劳强度。在实际工程中，常用其来代替钢制造曲轴、连杆和凸轮轴等重要零件。此铸铁为（B）。

(2) 某种铸铁具有一定的韧性和较高的耐磨性，同时又具有良好的铸造性能和导热性，在生产中主要用于生产汽缸盖、汽缸套、钢锭模和液压阀等铸件。此铸铁为（C）。

(3) 某种铸铁具有较高的强度、塑性和冲击韧性，可以部分代替碳钢，用来制作管接头和低压阀门等形状复杂、承受冲击和振动荷载的零件，且与其他铸铁相比，其成本低，质量稳定、处理工艺简单。此铸铁为（A）。【2017 年、2018 年】

(4) 某种铸铁具有高而均匀的硬度，由于脆性较大，不能承受冲击荷载，因此在生产上常采用激冷的办法来获得该铸铁。此铸铁为（F）。

(5) 某种铸铁是在炉底板、换热器、坩埚、热处理炉内的运输链条等高温环境下工作的铸件，由于不发生石墨化过程，因此该铸铁的耐热性得到改善。此铸铁为（G）。

(6) 某种铸铁主要用于阀门、管道、泵、容器等化工部件，常用的有高硅、高硅钼、高铝和高铬等。此铸铁为（E）。

(7) 小型柴油机的曲轴多用（B）制造，其原因是铸铁切削性能和铸造性能优良，有利于节约材料，减少机械加工工时，且有必要的强度和某些优良性能，如高的耐磨性、吸震性和低的缺口敏感性等。

2. 上面这些题目的题干都是告诉我们该铸铁的性能和特点，让我们来选择是哪种铸铁。命题老师是不是也可以将题干设置为具体某一铸铁、选项设置其性能和特点呢？你应该懂。

3. 就这一考点，还需要掌握以下的知识，我们用判断说法正确与否的题型展示给大家，这里的每一个选项都可以作为一个题目的命题点。

铸铁是含碳量大于2%的铁碳合金，是应用最广泛的铸造材料，以下关于铸铁的表述，正确的是（ABCDEFGHIJ）。

A. 铸铁具有生产设备和工艺简单、价格便宜等优点
B. 铸铁的成分特点是碳、硅含量高，杂质含量也较高
C. 多用铸铁制造机械设备的箱体、壳体、机座、支架和受力不大的零件
D. 磷在耐磨铸铁中是提高其耐磨性的主要合金元素【2011年】
E. 铸铁中唯一有害的元素是硫
F. 铸铁的韧性和塑性主要决定于石墨的数量、形状、大小和分布
G. 石墨的形状对铸铁的韧性和塑性影响最大【2016年】
H. 影响铸铁硬度、抗压强度和耐磨性的主要因素是基体组织【2014年】
I. 铸铁按碳存在的形式分类，可分为灰口铸铁、白口铸铁和麻口铸铁三大类
J. 麻口铸铁有较大的脆性，工业上很少使用

4. 有关铸铁牌号的标注和含义，不会作为主要的采分点，建议大家就不要看了。

考试5　常用有色金属的性能和特点

（题干）具有良好的低温性能，可作为低温材料，常温下具有极好的抗蚀性能，在大气、海水、硝酸和碱溶液等介质中十分稳定，多用于化工行业，如500℃以下的热交换器。此种金属材料为（D）。

A. 铝及铝合金　　　　　　　　　　B. 铜及铜合金
C. 镍及镍合金　　　　　　　　　　D. 钛及钛合金【2014年、2015年】
E. 铅及铅合金【2017年】　　　　　F. 镁及镁合金

细说考点

1. 从历年考试的考核情况来看，对本考点主要是对各类有色金属性能和特点的考查。就这一知识点我们用表格的形式体现，会更直观，也容易理解和掌握。

类型	性能和特点
铝及铝合金	密度小，比强度高，耐蚀性好，导电、导热、反光性能良好，磁化率极低。变形铝合金以及铸造铝合金均有良好的耐蚀性
铜及铜合金	导电性、导热性、减摩性和耐磨性优良、耐蚀性和抗磁性较好、强度和塑性较高、弹性极限和疲劳极限高、易加工成型和铸造各种零件

5

续表

类型	性能和特点
镍及镍合金	力学性能好，耐热性、耐蚀性好，有特殊的电、磁和热膨胀性能
钛及钛合金	比强度高，只在540℃以下使用，低温性能良好，硬度高，耐蚀性优良【2014年、2015年】
铅及铅合金	熔点低，耐蚀性好，塑性好，强度低【2017年】
镁及镁合金	密度小、化学活性强、强度低，有良好的机械加工性能和抛光性能

2. 大家在学习过程中，还应当注意总结各类有色金属间共同的性能和特点，这也是一个命题点。针对这一采分点可能这样考核：

(1) 工程中常用有色金属及其合金中，具有优良耐蚀性的有（ACDE）。【2017年】

(2) 下列常用有色金属及其合金中，具有比强度高这一特性的是（ABD）。

考点6 热塑性塑料

(题干) 具有质轻、不吸水，介电性、化学稳定性、耐热性良好等特性的热塑性塑料是 (C)。

A. 低密度聚乙烯 B. 高密度聚乙烯
C. 聚丙烯【2014年】 D. 聚氯乙烯【2019年】
E. 聚四氟乙烯【2017年】 F. 聚甲基丙烯酸甲酯
G. 聚苯乙烯【2013年、2016年】 H. ABS树脂

细说考点

1. 热塑性塑料有多种类别，掌握每一类的特性也就掌握了考核重点。

(1) 具有质轻、吸湿性小、电绝缘性好、延伸性和透明性强、耐寒性好和化学稳定性强等特点，但强度低、耐老化性能较差的热塑性塑料为（A）。

(2) 具有良好的耐热性和耐寒性，介电性能优良，耐磨性及化学稳定性良好，能耐多种酸、碱、盐类腐蚀，吸水性和水蒸气渗透性很低，但耐老化性能较差，表面硬度高，尺寸稳定性好的热塑性塑料为（B）。

(3) 具有非常优良的耐高、低温性能，具有极强的耐腐蚀性，几乎耐所有的化学药品，可在-180～260℃的范围内长期使用的热塑性塑料是（E）。【2017年】

(4) 下列热塑性塑料中，具有极高的透明度，冲击强度低，耐热性差，不耐沸水等特点的是（G）。【2013年、2016年】

(5) 某热塑性塑料常被用来制作化工、纺织等工业的废气排污排毒塔，以及常用于气体、液体输送管。该热塑性塑料是（D）。【2013年、2016年】

(6) 具有"硬、韧、刚"的混合特性，综合机械性能良好、尺寸稳定、容易电镀和易于成型，耐热和耐蚀性较好，其性能可根据要求通过改变单体的含量来进行调整的热塑性塑料是（H）。

(7) 能抵抗稀酸、稀碱、润滑油和碳氢燃料的作用，在自然条件下老化发展缓慢，表面硬度不高，易擦伤的热塑性塑料为（F）。

2. 以上题目均是给出特性让大家来判断题目所述的是哪一种热塑性塑料。这一采分点也可以反过来考核，即让大家选出某一热塑性塑料的性能及特点，这种提问方式通常会采用多项选择题的形式。

3. 工程中常用的塑料制品包括热塑性塑料和热固性塑料，对于热固性塑料的相关知识，近些年考核的比较少，此处就不赘述了，大家在时间允许的情况下可以自行学习这部分内容，重点学习特性即可，其他的内容就无须看了。

考点 7　金属钢管

(题干) 工业上常用于输送硫酸和碱类等介质的金属管是（H）。

A. 一般无缝钢管【2012 年】　　　　　B. 锅炉及过热器用无缝钢管
C. 单面螺旋缝焊管　　　　　　　　　D. 直缝电焊钢管
E. 不锈钢无缝钢管　　　　　　　　　F. 双层卷焊钢管
G. 排水承插铸铁管　　　　　　　　　H. 双盘法兰铸铁管【2013 年】
I. 铝管　　　　　　　　　　　　　　J. 钛管
K. 铅管　　　　　　　　　　　　　　L. 铜管
M. 双面螺旋焊管　　　　　　　　　　N. 合金钢管

细说考点

1. 本考点的采分点是各类金属管的应用范围，本考点还可能考核的题目有：

(1) 适用于高压供热系统和高层建筑的冷、热水管以及各种机械零件的坯料和压力的金属管是（A）。

(2) 用于制造锅炉设备与高压超高压管道，也可用来输送高温、高压气、水、含氢介质的金属管是（B）。

(3) 主要用于输送强腐蚀性介质、低温或高温介质以及纯度要求很高介质的金属管是（E）。

(4) 主要用于输送水、暖气和煤气等低压流体的金属管是（D）。

(5) 用于输送石油和天然气等特殊用途介质的金属管是（M）。

(6) 适用于冷冻设备，电热电器工业中的刹车管、燃料管、润滑油管、加热或冷却器的金属管是（F）。

(7) 用于各种锅炉耐热管道和过热器管道的金属管是（N）。

(8) 适用于污水排放,一般都是自流式,不承受压力的金属管是(G)。

(9) 可用于输送15%～65%的硫酸、二氧化硫、60%氢氟酸、浓度小于80%醋酸,但不能输送硝酸、次氯酸、高锰酸钾和盐酸的金属管是(K)。

(10) 导热性能良好,适宜工作温度在250℃以下,多用于制造换热器、压缩机输油管、低温管道、自控仪表以及保温拌热管和氧气管道等的金属管是(L)。

(11) 用于输送浓硝酸、醋酸、脂肪酸、过氧化氢等液体及硫化氢、二氧化碳气体的金属管是(I)。

(12) 用于输送强酸、强碱及其他材质管道不能输送的介质的金属管是(J)。

2. 某些金属管材的独有特点也很有可能会成为考核点,例如:

(1) 自重大,最重的一种金属管材是(K)。

(2) 因价格昂贵,焊接难度大,所以没有被广泛采用的金属管材是(J)。

3. 关于金属钢管除了重点掌握其应用范围外还要掌握其特性。

考点8 塑料管

(题干)它是最轻的热塑性塑料管材,具有较高的强度、较好的耐热性,且无毒、耐化学腐蚀,但其低温易脆化。每段长度有限,且不能弯曲施工,目前广泛用于冷热水供应系统中。此种管材为(F)。

A. 硬聚氯乙烯管

B. 氯化聚氯乙烯管【2016年】

C. 聚乙烯管【2019年】

D. 聚丁烯管

E. 交联聚乙烯管【2011年、2015年】

F. 无规共聚聚丙烯管【2012年、2014年、2017年】

G. 耐酸酚醛塑料管

H. 工程塑料管

I. 超高分子量聚乙烯管

细说考点

1. 本考点的考核重点是塑料管材的特性。为了方便大家记忆,特将各类塑料管的特性列表如下:

类别	特性	适用范围
硬聚氯乙烯管	耐腐蚀性强、重量轻、绝热、绝缘性能好和易加工安装等	输送多种酸、碱、盐和有机溶剂

续表

类别	特性	适用范围
氯化聚氯乙烯管	刚性高、耐腐蚀、阻燃性能好、导热性能低、热膨胀系数低及安装方便	用于冷热水管、消防水管系统、工业管道系统
聚乙烯管	无毒、质量轻、韧性好、可盘绕、耐腐蚀，在常温下不溶于任何溶剂，低温性能、抗冲击性和耐久性好于聚氯乙烯	用于饮用水管、雨水管、气体管道、工业耐腐蚀管道等，不能作为热水管使用
超高分子量聚乙烯管	耐磨性为塑料之冠，柔性、抗冲击性优良，低温下能保持优异的冲击强度，抗冻性及抗震性好，摩擦系数小，具有自润滑性，耐化学腐蚀，热性能优异，适合于寒冷地区	输送散物料、输送浆体、冷热水、气体等
交联聚乙烯管	耐压、化学性能稳定、抗蠕变强度高、重量轻、流体阻力小、能够任意弯曲安装简便、使用寿命长，且无味、无毒	适用于建筑冷热水管道、供暖管道、雨水管道、燃气管道以及工业用的管道
无规共聚聚丙烯管	具有较高的强度，较好的耐热性，无毒、耐化学腐蚀，在常温下无任何溶剂能溶解，是最轻的热塑性塑料管	冷热水供应系统
聚丁烯管	耐久性、化学稳定性和可塑性高，重量轻，柔韧性好，耐高温特性突出，抗腐蚀性能好、可冷弯、使用安装维修方便、寿命长，易受有机溶剂侵蚀	输送热水
工程塑料管	质优耐用	输送饮用水、生活用水、污水、雨水，以及化工、食品、医药工程中的各种介质
耐酸酚醛塑料管	良好的耐腐蚀性和热稳定性	输送酸类和有机溶剂等介质（除氧化性酸和碱外）

2. 在考试中也可能会对某些塑料管材的独有特性以单项选择题的形式进行考核，例如：
(1) 不能作为热水管使用的塑料管为（C）。
(2) 下列塑料管中，具有最强耐磨性的是（I）。
(3) 最轻的热塑性塑料管是（F）。
掌握以上塑料管的独有特性也有助于区分各类管材。

考点 9 焊条

(题干) 下列关于焊条的表述中，正确的是（ABCDEFGHIJKLMNO）。

A. 在焊条的药皮中要加入一些还原剂，能够使氧化物还原，保证焊缝质量【2017年】

B. 焊条药皮能够避免焊缝中形成夹渣、裂纹、气孔，确保焊缝的力学性能【2017年】

C. 焊条药皮能够弥补焊接过程中合金元素的烧损，提高焊缝的力学性能【2017年】

D. 焊条药皮能够改善焊接工艺性能，稳定电弧，减少飞溅，易脱渣【2017年】

E. 酸性焊条对铁锈、水分不敏感，焊缝很少产生由氢引起的气孔【2011年、2012年、2013年、2015年、2016年、2019年】

F. 酸性焊条的熔渣脱氧不完全，也不能有效地清除焊缝的硫、磷等杂质

G. 酸性焊条的焊缝的金属力学性能较低，一般用于焊接低碳钢和不太重要的碳钢结构【2011年】

H. 碱性焊条的脱氧性能好，合金元素烧损少，焊缝金属合金化效果较好【2019年】

I. 碱性焊条遇焊件或焊条存在铁锈和水分时，容易出现氢气孔

J. 在碱性焊条的药皮中加入稳定电弧的组成物碳酸钾等，可使用交流电源

K. 碱性焊条的熔渣脱氧较完全，能有效地消除焊缝金属中的硫【2014年】

L. 在碱性焊条的药皮中加入一定量的萤石，具有去氢作用，但是不利于电弧的稳定

M. 碱性焊条焊缝金属的力学性能和抗裂性均较好，可用于合金钢和重要碳钢结构的焊接

N. 焊接时，焊芯能传导焊接电流，产生电弧把电能转换成热能

O. 焊接时，焊芯会熔化为填充金属，与母材金属熔合形成焊缝

细说考点

1. 本考点必须掌握的关键内容有：(1) 焊芯及药皮的作用；(2) 酸性及碱性焊条的特性。

2. 有关焊条型号的相关内容不会作为主要的采分点，建议大家就不要看了。

考点 10 涂料

(题干) 某种涂料具有耐盐、耐酸、耐各种溶剂等优点，且施工方便、造价低，广泛用于石油、化工、冶金行业的管道、容器、设备及混凝土构筑物表面等防腐领域，这种涂料为（G）。

A. 生漆

B. 漆酚树脂漆

C. 过氯乙烯漆【2013年、2017年】

D. 环氧树脂涂料【2018年】

E. 酚醛树脂漆【2017年】

F. 环氧-酚醛漆【2011年】

G. 聚氨酯漆【2012年、2014年、2016年】

H. 呋喃树脂漆【2013年、2017年】

I. 聚氨基甲酸酯漆

J. 三聚乙烯防腐涂料【2015年】

K. 沥青漆

L. 环氧煤沥青【2019年】

M. 氟-46涂料

N. 无机富锌漆

细说考点

1. 上一题目的采分点是各类的涂料的特性，对于这一采分点还可能考核的题目有：

（1）具有耐酸性、耐溶剂性、抗水性、耐油性、耐磨性和附着力强，但不耐强碱及强氧化剂等特性的涂料为（A）。

（2）适用于大型快速施工的需要，广泛应用在化肥、氯碱生产中，也可作为地下防潮和防腐蚀涂料的是（B）。

（3）具有良好的电绝缘性和耐油性，能耐60％硫酸、盐酸、一定浓度的醋酸、磷酸、大多数盐类和有机溶剂等介质的腐蚀，与金属附着力较差的涂料为（E）。

（4）具有良好的机械性能、耐碱性、耐溶性和电绝缘性的涂料为（F）。【2011年】

（5）某涂料具有良好的耐腐蚀性能，较好的耐磨性，与金属和非金属有极好的附着力，这一涂料为（D）。【2018年】

（6）某涂料耐酸性气体、耐海水、耐酸、耐油、耐盐雾、防霉、防燃烧，但不耐酚类、酮类、脂类和苯类等有机溶剂介质的腐蚀，与金属表面附着力不强，该涂料为（C）。

（7）某涂料能耐大部分有机酸、无机酸、盐类等介质的腐蚀，并有良好的耐碱性、耐有机溶剂性、耐水性、耐油性，但不耐强氧化性介质的腐蚀，与金属附着力差，该涂料为（H）。

（8）在酸、碱、盐、水、汽油、煤油、柴油等一般稀释剂中长期浸泡无变化，防腐寿命可达到50年以上的涂料为（L）。

（9）具有良好的机构强度、抗紫外线、抗老化和抗阳极剥离等性能，广泛用于天然气和石油输配管线、市政管网、油罐、桥梁等防腐工程的涂料为（J）。【2015年】

2. 对于涂料的特性除采用以上形式进行考核外，还可出综合性题目对各个涂料的共性进行考核，例如：

酚醛树脂漆、过氯乙烯漆及呋喃树脂漆在使用中，其共同的特点为（D）。【2013年、2017年】

A. 耐有机溶剂介质的腐蚀　　　　　　B. 具有良好的耐碱性
C. 既耐酸又耐碱腐蚀　　　　　　　　D. 与金属附着力差

这类题目虽然考核的频率不高，但却是时不时出现，题目有一定难度，反映出未来的考核趋势。

3. 关于涂料大家还需要掌握以下知识，我们用判断说法正确与否的题型展示给大家。

下列关于涂料基本组成物质的说法，正确的有（ABCD）。
A. 涂料由主要成膜物质、次要成膜物质和辅助成膜物质组成
B. 涂料的主要成膜物质是油料、天然树脂和合成树脂
C. 涂料的次要成膜物质是颜料
D. 稀料是涂料的辅助成膜物质【2016年】

4. 涂料命名原则的内容建议大家就不需要看了。

考点11　法兰的种类

（题干）法兰密封件截面尺寸小，质量轻，消耗材料少，且使用简单，安装、拆卸方便，特别是具有良好的密封性能，使用压力可达高压范围，此种密封面形式为（E）。

A. 平面形　　　　　　　　　　　　　B. 突面形
C. 凹凸面形　　　　　　　　　　　　D. 榫槽面形
E. O形圈面形【2013年、2016年】　　F. 环连接面形

细说考点

1. 法兰的种类可采用两类划分标准进行划分，一是按照连接方式分类，另一种是按照密封面形式进行分类。以上题目就是按照密封面形式的分类。这一采分点还可能考核的题目有：

（1）容器法兰的密封面形式包括（ACD）。

（2）管法兰的密封面形式有（ABCDEF）。

（3）当法兰密封面的形式为（A）时，适用于压力不高、介质无毒的场合。

（4）法兰密封面垫片接触面积较大，预紧时垫片容易往两边挤，不易压紧的密封面形式是（B）。

（5）某法兰密封件截面安装时便于对中，能防止垫片被挤出，但垫片宽度较大，适用于压力稍高的场合，此种密封面形式为（C）。

（6）当法兰密封面的形式为（D）时，垫片更换困难，法兰造价较高，适用于易燃、易爆、有毒介质及压力较高的重要密封。

（7）对高温、高压工况，密封面的加工精度要求较高的管道，应采用（F）。

2. 以上是法兰按照密封面形式的分类，下面我们就来看一看法兰的另一种分类方法。

按照连接方式分类	整体法兰	指泵、阀、机等机械设备与管道连接的进出口法兰
	平焊法兰	只适用于压力等级比较低，压力波动、振动及振荡均不严重的管道系统中
	对焊法兰	主要用于工况比较苛刻的场合（如管道热膨胀或其他荷载而使法兰处受的应力较大）或应力变化反复的场合以及压力、温度大幅度波动的管道和高温、高压及零下低温的管道
	松套法兰	多用于铜、铝等有色金属及不锈钢管道上【2019年】
	螺纹法兰	具有安装、维修方便的特点，可在一些现场不允许焊接的场合使用

考点12　垫片

（题干）压缩、回弹性能好，具有多道密封和一定自紧功能，对法兰压紧面的表面缺陷不敏感，易对中，拆卸方便，能在高温、低压、高真空、冲击振动等场合使用的平垫片为（G）。

A. 橡胶垫片　　　　　　　　　　B. 石棉垫片
C. 石棉橡胶垫片　　　　　　　　D. 柔性石墨垫片
E. 塑料垫片　　　　　　　　　　F. 金属波纹复合垫片
G. 金属缠绕垫片【2019年】　　　H. 平形金属垫片
I. 波形金属垫片　　　　　　　　J. 齿形金属垫
K. 环形金属垫片

细说考点

1.本考点的第一个采分点是垫片的分类。垫片按材质可分为非金属垫片、半金属垫片和金属垫片三大类。关于这一采分点可能考核的题目有：

（1）垫片主要用于管道之间的密封连接、机器设备的机件与机件之间的密封连接。垫片主要分为三大类，其中非金属垫片包括（ABCDE）。

（2）垫片主要用于管道之间的密封连接、机器设备的机件与机件之间的密封连接。垫片主要分为三大类，其中半金属垫片包括（FG）。

（3）垫片主要用于管道之间的密封连接、机器设备的机件与机件之间的密封连接。垫片主要分为三大类，其中金属垫片包括（HIJK）。

2.本考点的第二个采分点是各类垫片的特性及使用范围。

垫片类型	特性	使用范围
橡胶垫片	回弹性好，容易剪切成各种形状且价格便宜。 不耐高压，容易在矿物油中溶解和膨胀且不耐腐蚀，在高温下容易老化失去回弹性	常用于输送低压水、酸和碱等介质的管道法兰连接

续表

垫片类型	特性	使用范围
石棉垫片	耐热、耐碱性好、抗拉强度高、耐酸性能较差	直径较大的低压容器
石棉橡胶垫片	具有适宜的强度、弹性、柔软性等性质	在化工企业中得到推广和应用
柔性石墨垫片	具有良好的回弹性、柔软性、耐温性	在化工企业中得到迅速的推广和应用
塑料垫片	常用的塑料垫片有聚氯乙烯垫片、聚四氟乙烯垫片和聚乙烯垫片等	适用于输送各种腐蚀性较强的管道的法兰连接
金属缠绕垫片	压缩、回弹性能好,具有多道密封和一定的自紧功能,拆卸便捷,能在高温、低压、高真空、冲击振动等循环交变的各种苛刻条件下,保持其优良的密封性能【2015年】	在石油化工工艺管道上被广泛采用
齿形金属垫	密封性能较好,使用周期长	常用于凹凸式密封面法兰的连接,一般用于较少拆卸的部位
环形金属垫片	具有径向自紧密封作用,金属环形垫片是靠与法兰梯槽的内外侧面(主要是外侧面)接触,并通过压紧而形成密封【2014年】	主要应用于环连接面形法兰连接

考点13 阀门

(题干)具有结构紧凑、质量轻,驱动力矩小,操作简单,密封性能好的特点,易实现快速启闭,不仅适用于一般工作介质,而且还适用于工作条件恶劣介质的阀门为(**H**)。

A. 止回阀 B. 截止阀
C. 闸阀 D. 节流阀
E. 旋塞阀 F. 安全阀
G. 蝶阀【2011年、2017年】 H. 球阀【2013年、2015年、2016年】
I. 疏水阀 J. 减压阀

细说考点

1.下面我们将其他可考内容以题目的形式列出,以帮助大家学习:

(1) 某阀门主要用于热水供应及蒸汽管路中，它结构简单，严密性较高，制造和维修方便，阻力比较大，可以调节流量。该阀门为（B）。

(2) 某阀门密封性能好，流体阻力小，开启、关闭力较小，也有调节流量的作用，并且能从阀杆的升降高低看出阀的开度大小，主要用在一些大口径管道上。该阀门为（C）。

(3) 某阀门有严格的方向性，只许介质向一个方向流通，一般适用于清洁介质，不适用于带固体颗粒和黏性较大的介质。该阀门为（A）。

(4) 某阀门结构简单、体积小、重量轻，操作简单，阀门处于全开位置时，阀板厚度是介质流经阀体的唯一阻力，阀门所产生的压力降很小，具有较好的流量控制特性。适合安装在大口径管道上。该阀门应为（G）。【2011年、2017年】

(5) 某阀门结构简单，外形尺寸小，启闭迅速，操作方便，流体阻力小，便于制造三通或四通阀门。不适用于输送高压介质，只适用于一般低压流体作开闭用，不宜作调节流量用。该阀门应为（E）。

(6) 某阀门外形尺寸小巧，重量轻，制作精度要求高，密封较好，不适用于黏度大和含有固体悬浮物颗粒的介质，且可用于取样。该阀门应为（D）。

(7) 只适用于蒸汽、空气和清洁水等清洁介质的阀门是（J）。

2.除了掌握各类阀门的特性之外，我们还应知道阀门分类的相关知识。关于阀门的分类在历年考试中曾进行过考核：

阀门的种类很多，按其动作特点划分，不属于自动阀门的为（D）。【2012年】

阀门虽然种类很多，其实可归纳为两大类，即驱动阀门和自动阀门。属于驱动阀门的有：截止阀、节流阀、闸阀、旋塞阀。属于自动阀门的有：止回阀、安全阀、浮球阀、减压阀、跑风阀和疏水器。

考点14 补偿器

(题干) 某补偿器具有补偿能力大，流体阻力和变形应力小等特点，特别适合远距离热能输送。可用于建筑物的各种管道中，以防止不均匀沉降或振动造成的管道破坏。此补偿器为（F）。

A. L形补偿器

B. Z形补偿器

C. 方形补偿器【2011年、2015年】

D. 填料式补偿器【2012年、2016年、2018年】

E. 波形补偿器【2014年】

F. 球形补偿器【2013年、2015年、2016年、2017年】

> **细说考点**
>
> 1. 本考点是对补偿器特性的考核，这些题目一般会将其他补偿器或特性作为干扰项，如果直接考核某补偿器的特点，通常会以多项选择题的形式出现。关于补偿器的特性还可能会作为考题的题目有：
>
> （1）某补偿器优点是制造方便、补偿能力大、轴向推力小、维修方便、运行可靠；缺点是占地面积较大。此种补偿器为（C）。【2011年、2015年】
>
> （2）某补偿器安装方便，占地面积小，流体阻力较小，补偿能力较大，轴向推力大，易漏水漏气，需经常检修和更换填料。该补偿器为（D）。【2012年、2016年、2018年】
>
> （3）某补偿器结构紧凑，只发生轴向变形，制造较困难、耐压低、补偿能力小、轴向推力大，只用于管径较大、压力较低的场合。该补偿器为（E）。【2014年】
>
> 2. 选项A、B属于自然补偿器，自然补偿器的特性与人工补偿器不同，相对来说较为简单，只要记住一点：管道变形时会产生横向位移，而且补偿的管段不能很大。

考点15　常用电缆

（题干）下列常用电缆中，（A）被大量用来制造1kV及以下的低压电力电缆，供低压配电系统使用。

A. 铜（铝）芯聚氯乙烯绝缘聚氯乙烯护套电力电缆

B. 铜（铝）芯交联聚乙烯绝缘电力电缆

C. 橡皮绝缘电力电缆

D. 架空绝缘电缆

E. 矿物绝缘电缆

F. 预制分支电缆

G. 穿刺分支电缆

> **细说考点**
>
> 1. 大家应着重掌握各类型电缆的特性及适用范围。关于这一采分点还可能会考核的题目有：
>
> （1）某电缆的长期工作温度不超过70℃，电缆导体的最高温度不超过160℃，短路最长持续时间不超过5s，施工敷设最低温度不得低于0℃，该电缆是（A）。
>
> （2）某电缆电场分布均匀，没有切向应力，可耐90℃高温，适宜于高层建筑，该电缆是（B）。
>
> （3）作为一种柔软的、使用中可以移动的电力电缆，（C）主要用于经常需要变动敷设位置的场合。

(4) 某电缆实质上是一种带有绝缘的架空导线,其绝缘设计裕度可小于电力电缆,该电缆是（D）。

(5) 用普通退火铜作为导体,氧化镁作为绝缘材料,普通退火铜或铜合金材料作为护套的电缆是（E）。

(6) 某电缆既可用于工业、民用、国防、高温、腐蚀、核辐射、防爆等恶劣环境中,也可用于工业、民用建筑的消防系统、救生系统等必须确保人身和财产安全的场合中,该电缆是（E）。

(7) 某电缆是高层建筑中母线槽供电的替代产品,具有供电可靠、安装方便、占建筑面积小、故障率低、价格便宜、免维修维护等优点,该电缆是（F）。

(8) 广泛应用于高中层建筑、住宅楼、商厦、宾馆、医院的电气竖井内垂直供电的电缆是（F）。

(9) 不需使用终端箱、分线箱,耐扭曲、防震、防水、防腐蚀老化,安装简便可靠,可以在现场带电安装的电缆是（G）。

2. 本考点还需要掌握以下采分点:

(1) 矿物绝缘电缆可在高温下正常运行,当沿墙、支架、顶板等明敷,与其他种类电缆共同敷设在同一桥架、竖井、电缆沟、电缆隧道内,敷设在其他由于电缆护套温度过高易引起人员伤害或设备损坏的场所,电缆载流量应按工作温度为（70℃）选择;单独敷设与桥架、电缆沟、穿管等无人触及的场所,电缆载流量宜按工作温度（105℃）选择。

(2) 预分支电缆按应用类型分为（普通型、绝缘型和耐火型）。

考点16 光缆

(题干) 光纤传输中的单模光纤,其主要传输特点有（ABCDEFGHIJK）。

A. 可传输多种模式的光

B. 只能传输一种模式的光

C. 能量大,发散角度大,对光源的要求低【2016年】

D. 能用光谱较宽的发光二极管（LED）作光源,有较高的性能价格比【2016年】

E. 传输距离较近,一般只有几千米

F. 其模间色散很小,传输频带宽【2013年、2014年、2015年、2017年】

G. 适用于远程通信【2013年、2017年】

H. 芯线细,耦合光能量较小【2014年、2015年】

I. 只能与激光二极管（LD）光源配合使用【2013年、2017年】

J. 传输设备较贵【2015年、2017年】

K. 接口较困难【2014年】

17

细说考点

1. 光缆是一定数量的光纤按照一定方式组成缆芯，用以实现光信号传输的一种通信线路。本考点的主要采分点是单模光纤和多模光纤的主要传输特点，尤其是单模光纤考核的非常多。两者应对比记忆：

类型	传输特点							
单模光纤	芯线细	只可传输一种模式的光	耦合光能量较小	传输设备较贵	传输频带宽	只能与LD光源配合使用	模间色散很小	接口困难
多模光纤	芯线粗	可传输多种模式的光	耦合光能量大	设备性价比较高	传输频带窄【2018年】	对光源要求低，能用LED作光源	发散角度大	接口简单

2. 光缆的特点不会作为主要的采分点，在时间不允许的情况下，可选择不看。

第二章 安装工程施工技术

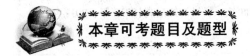

本章可考题目及题型

考点1 切割

（题干）依靠熔化来切割材料且能够切割大部分金属与非金属材料的切割方法为（J）。

A. 剪板机切割【2018年】　　　　　　B. 弓锯床切割【2017年】
C. 钢筋切断机切割　　　　　　　　　D. 砂轮切割机切割【2017年】
E. 气割【2011年】　　　　　　　　　F. 氧-乙炔火焰切割
G. 氧-丙烷火焰切割【2013年、2017年、2019年】　H. 氧-氢火焰切割
I. 氧熔剂切割　　　　　　　　　　　J. 等离子弧切割【2012年】
K. 碳弧气割　　　　　　　　　　　　L. 激光切割【2012年】

细说考点

1. 本考点的第一个采分点是各切割方法的适用范围。关于切割方法的适用范围，还可能会作为考题的题目有：

（1）借助于运动的上刀片和固定的下刀片进行切割，且主要用于金属板材的切断加工的机械为（A）。【2018年】

（2）适用于房屋建筑、桥梁隧道、大型水利等工程中对钢筋的定长切断的切割方法是（C）。

（3）广泛应用于建筑、五金、水电安装等部门，用以切割金属管、扁钢、工字钢、槽钢、圆钢等型材的切割方法是（D）。

（4）纯铁、低碳钢、中碳钢、低合金钢以及钛常用的切割方法是（E）。

（5）铸铁、不锈钢、铝和铜可采用的切割方法是（EJ）。

（6）能够切割不锈钢、高合金钢、铸铁、铝、铜、耐火材料等绝大部分金属和非金属材料的切割方法是（J）。【2012年】

（7）某切割方法可在金属上加工沟槽，但不适合有耐腐蚀要求的不锈钢。该方法为（K）。

（8）只能切割中、小厚度的板材和管材的切割方法是（L）。

（9）可用来加工坡口，特别适用于开U形坡口的切割方法是（K）。

2. 本考点的第二个采分点是各切割方法的特点，下面我们特将几个重要且常考的切割方法的特点以表格的形式列出，以方便大家学习。

切割方法	特点
氧-丙烷火焰切割	(1) 安全性高。【2013年、2017年、2019年】 (2) 成本低廉，制取容易，易于液化和灌装，切面无明显烧塌现象，下缘不挂渣。【2013年、2017年】 (3) 火焰温度比较低，预热时间长，氧气消耗量高【2013年、2017年】
氧-氢火焰切割	成本低，安全性好，环保
氧熔剂切割	烟尘少，切断面无杂质，可用来切割不锈钢
碳弧气割	(1) 生产效率高。 (2) 使用方便，可进行全位置操作。 (3) 设备、工具简单，操作使用安全。 (4) 可能产生的缺陷有夹碳、粘渣、铜斑、割槽尺寸和形状不规则等
激光切割	切口宽度小、切割精度高、切割速度快、质量好，可切割金属、非金属、金属基和非金属基复合材料、皮革、木材及纤维等多种材料

考点2 焊接

（题干）对于油桶、暖气片、飞机和汽车油箱的薄板焊接应采用的焊接方法是（J）。

A. 气焊　　　　　　　　　　　　B. 手弧焊

C. 埋弧焊【2013年】　　　　　　D. 钨极惰性气体保护焊

E. 等离子弧焊　　　　　　　　　F. 熔化极气体保护焊

G. CO_2气体保护焊　　　　　　H. 电渣焊

I. 激光焊　　　　　　　　　　　J. 缝焊

K. 点焊　　　　　　　　　　　　L. 对焊

M. 钎焊

细说考点

1. 本考点的第一个采分点是各焊接方法的适用范围，下列题目包含了大家所要掌握的重要焊接方法的适用范围，掌握了这10道题目，这一分数就拿到了。

(1) 目前在工业生产中应用广泛，可适用于各种厚度和各种结构形状的焊接。该焊接方法是（B）。

(2) 适于焊接中厚板结构的长焊缝和大直径圆筒的环焊缝，被广泛应用于锅炉、化工容器、箱型梁柱、核电设备等重要钢结构的制造中的焊接方法是（C）。【2013年】

(3) 可焊接化学活泼性强的有色金属、不锈钢、耐热钢等和各种合金的焊接方法是（D）。

(4) 尤其适合于焊接有色金属、不锈钢、耐热钢、碳钢、合金钢等材料的焊接方法是（F）。

(5) 主要应用于 30mm 以上的厚件，特别适用于重型机械制造业，在高压锅炉、石油高压精炼塔、电站的大型容器、炼铁高炉以及造船工业中亦获得大量应用的焊接方法是（H）。

(6) 特别适于焊接微型、精密、排列非常密集、对热敏感性强的工件的焊接方法是（I）。

(7) 汽车驾驶室、金属车厢复板的焊接，常采用的焊接方法是（K）。

(8) 焊接有密封性要求的薄壁结构，常采用的焊接方法是（J）。

(9) 多用于对接头强度和质量要求不很高，直径小于 20mm 的棒料、管材、门窗等构件的焊接方法是（L）。

(10) 适宜于小而薄和精度要求高的零件，可用于各种黑色金属及有色金属和合金以及异种金属的连接的焊接方法是（M）。

2. 除了要掌握各焊接方法的适用范围外还要掌握各焊接方法的优缺点，这一采分点在历年考试中考核的非常多，大家一定要掌握。具体内容见下表：

焊接方法	优点	缺点
气焊	设备简单、使用灵活；对铸铁及一些有色金属的焊接有较好的适应性	生产效率较低，焊接后工件变形和热影响区较大，较难实现自动化
手弧焊	操作灵活，设备简单，应用范围广	焊接生产效率低、质量不稳定，劳动条件差
埋弧焊	(1) 热效率较高，熔深大，工件的坡口可较小。【2012年、2015年】 (2) 焊接速度高、质量好。【2012年、2015年】 (3) 在有风的环境中焊接时，保护效果胜过其他焊接方法【2012年、2015年】	(1) 只适用于水平位置焊缝焊接。 (2) 难以用来焊接铝、钛等氧化性强的金属及其合金。 (3) 容易焊偏。 (4) 只适于长焊缝的焊接。 (5) 不适合焊接厚度小于1mm的薄板【2015年】
钨极惰性气体保护焊	焊接过程稳定，易实现机械化；保护效果好，焊缝质量高	(1) 熔深浅，熔敷速度小，生产率较低。【2012年、2014年】 (2) 只适用于薄板及超薄板材料焊接。【2014年】 (3) 不适宜野外作业。【2014年】 (4) 成本较高

续表

焊接方法	优点	缺点
熔化极气体保护焊	（1）几乎可焊接所有的金属，尤其适合于焊接有色金属、不锈钢、耐热钢、碳钢、合金钢等材料。 （2）焊接速度较快，熔敷效率较高，劳动生产率高。 （3）可直流反接，焊铝、镁等金属时有良好的阴极雾化作用，可有效去除氧化膜，提高了接头的焊接质量。【2014年、2017年】 （4）成本较钨极惰性气体保护焊低	（1）焊接时采用明弧和使用的电流密度大，电弧光辐射较强。 （2）不适于在有风的地方或露天施焊。 （3）设备较复杂
CO_2 气体保护焊	（1）焊接生产效率高、变形小、质量较高、成本低。 （2）焊缝抗裂性能高。 （3）焊接时电弧为明弧焊，可见性好，操作简便，可进行全位置焊接	（1）飞溅较大，焊缝表面成形较差。 （2）不能焊接容易氧化的有色金属。 （3）抗风能力差。 （4）很难用交流电源进行焊接，焊接设备比较复杂
等离子弧焊	（1）能量集中、温度高，焊接速度快，生产率高。【2015年】 （2）穿透能力强，焊缝致密，成形美观。【2015年】 （3）电弧挺直度和方向性好，可焊接薄壁结构【2015年】	设备比较复杂、气体起量大，费用较高，只宜于室内焊接【2015年】

考点3 焊接材料的选择

（题干）在焊接过程中，下列焊接材料的选用正确的有（ABCDEFGHIJKL）。

A. 对于普通结构钢，应选用熔敷金属抗拉强度等于或稍高于母材的焊条【2017年】

B. 对于合金结构钢有时会要求合金成分与母材相同或接近【2017年】

C. 在焊接结构刚性大、接头应力高、焊缝易产生裂纹的不利情况下，应考虑选用比母材强度低一级的焊条【2017年】

D. 对承受动载荷和冲击载荷的焊件，可选用塑、韧性指标较高的低氢型焊条

E. 对结构形状复杂、刚性大的厚大焊件应选用抗裂性好、韧性好、塑性高、氢裂纹倾向低的焊条

F. 当焊件的焊接部位不能翻转时，应选用适用于全位置焊接的焊条

G. 当母材中碳、硫、磷等元素的含量偏高时，应选用抗裂性能好的低氢型焊条

H. 耐热钢、低温钢、耐蚀钢的焊接可选用中硅或低硅型焊剂配合相应的合金钢焊丝

I. 普通结构钢、低合金钢的焊接可选用高锰、高硅型焊剂【2014年】

J. 对焊接韧性要求较高的低合金钢厚板，应选用低锰、低硅型或无锰中硅型焊剂

K. 焊接不锈钢以及其他高合金钢时，应选用以氟化物为主要组分的焊剂

L. 铁素体、奥氏体等高合金钢，一般选用碱度较高的熔炼焊剂或烧结陶质焊剂

> **细说考点**
>
> 1.焊条的选用应遵循的原则有：
> (1) 考虑焊缝金属的力学性能和化学成分；
> (2) 考虑焊接构件的使用性能和工作条件；
> (3) 考虑焊接结构特点及受力条件；
> (4) 考虑施焊条件；
> (5) 考虑生产效率和经济性。
> 以上题目中，选项A~G是关于焊条选用的相关知识，均是对以上选用原则的细化，一定要掌握。
> 2.焊丝和焊剂的选用，虽然考核的很少，但也要掌握。

考点4 焊接接头、坡口及组对

(题干) 按照我国标准规定，在焊接接头的坡口分类中，属于特殊型坡口的有（TUVW）。【2018年】

A. I形坡口

B. V形坡口

C. 单边V形坡口

D. U形坡口【2019年】

E. J形坡口

F. Y形坡口

G. VY形坡口

H. 带钝边U形坡口

I. 双Y形坡口

J. 双V形坡口

K. 2/3双V形坡口

L. 带钝边双U形坡口

M. UY形坡口

N. 带钝边J形坡口

O. 带钝边双J形坡口

P. 双单边V形坡口

Q. 带钝边单边V形坡口

R. 带钝边双单边V形坡口

S. 带钝边J形单边V形坡口

T. 卷边坡口【2011年、2018年】

U. 带垫板坡口【2011年、2012年、2018年】

V. 锁边坡口【2011年】

W. 塞、槽焊坡口【2018年】

> **细说考点**
>
> 熔焊接头的坡口根据其形状的不同，可分为基本型、混合型和特殊型三类。上述例题考核的是特殊型，其余两类坡口的具体内容可能会这样考核：
>
> （1）按照我国标准规定，在焊接接头的坡口分类中，属于基本型坡口的有（ABCDE）。
>
> （2）按照我国标准规定，在焊接接头的坡口分类中，属于组合型坡口的有（FGHIJKLMNOPQRS）。

考点5　焊后热处理

（题干）为获得较高的力学性能（高强度、弹性极限和较高的韧性），对于重要钢结构零件经热处理后其强度较高，且塑性、韧性更显著超过正火处理。此种热处理工艺为（H）。【2016年】

A. 完全退火

B. 不完全退火

C. 去应力退火

D. 正火【2016年、2017年】

E. 淬火

F. 低温回火

G. 中温回火

H. 高温回火【2012年、2014年、2015年、2016年】

> **细说考点**
>
> 安装工程施工中，常遇到的焊后热处理工艺有退火、回火、正火及淬火。本考点通常的考核形式是将某一焊后热处理工艺的特点列出，让考生选出题目所述为哪一种工艺。还可能会作为考题的题目有：

(1) 焊后热处理工艺中，(A) 目的是细化组织、降低硬度、改善加工性能、去除内应力。

(2) 工件经处理后，硬度降低、切削加工性能改善、内应力消除，此种热处理方法为 (B)。

(3) 将钢件加热到一定温度，保持一定时间后缓慢冷却。以去除由于形变加工、机械加工、铸造、锻造、热处理及焊接等过程中的残余应力。此种热处理方法为 (C)。

(4) 将钢件加热到热处理工艺所要求的适当温度，保持一定时间后在空气中冷却，得到需要的基体组织结构。其目的是消除应力、细化组织、改善切削加工性能。这种热处理工艺为 (D)。【2016 年、2017 年】

(5) 为了提高钢件的硬度、强度和耐磨性，应采取的热处理工艺是 (E)。

(6) 工件经处理后，得到了高的硬度与耐磨性，内应力及脆性降低。主要用于各种高碳钢的切削工具、模具、滚动轴承。此种热处理方法为 (F)。

(7) 为使工件得到好的弹性、韧性及相应的硬度，一般适用于中等硬度的零件、弹簧的热处理方法为 (G)。

考点 6　无损检测（探伤）

(题干) 对于铁磁性和非铁磁性金属材料而言，只能检查其表面和近表面缺陷的无损探伤方法为 (C)。

A. 射线探伤
B. 超声波探伤【2019 年】
C. 涡流探伤【2011 年、2014 年、2016 年】
D. 磁粉探伤【2011 年】
E. 渗透探伤【2015 年、2018 年】

细说考点

1. 五种无损探伤方法各有适用范围，根据题目所述情形选出正确的探伤方法是历年的考核方式，大家应熟知每一方法的适用情形。下列题目考核的都是各探伤方法的适用，大家不妨多看几遍，熟记于心。

(1) 无损探伤方法中，(A) 对缺陷形象直观，对缺陷的尺寸和性质判断比较容易。

(2) 无损探伤方法中，(B) 适合于厚度较大的零件检验。

(3) 无损探伤方法中，(C) 只能检查薄试件或厚试件的表面、近表面缺陷。【2014 年、2016 年】

(4) 无损探伤方法中，(D) 适于薄壁件或焊缝表面裂纹的检验、也能显露出一定深度和大小的未焊透缺陷。

(5) 用无损探伤方法检验焊接质量时，仅能检验出工件表面和近表面缺陷的方法有（CD）。【2011年】

(6) 某一形状复杂的非金属试件，按工艺要求对其表面上开口缺陷进行检测，检测方法应为（E）。【2015年】

(7) 可用于检验各种类型的裂纹、气孔、疏松、冷隔、折叠及其他开口于表面缺陷的无损探伤方法为（E）。

(8) 广泛用于检验有色金属和黑色金属的铸件、锻件、焊接件以及各种陶瓷、塑料及玻璃制品的无损探伤方法是（E）。

2. 本考点的另一个采分点是对各探伤方法的优缺点进行考核，具体内容见下表：

无损探伤方法		优点	缺点
射线探伤	X射线探伤	(1) 显示缺陷的灵敏度高。【2017年】 (2) 照射时间短、速度快【2016年、2017年】	设备复杂、笨重，成本高，操作麻烦，穿透力比γ射线小【2017年】
	γ射线探伤	设备轻便灵活，在施工现场使用方便，投资少，成本低【2016年】	曝光时间长，灵敏度较低【2012年】
	中子射线检测	使检验封闭在高密度金属材料中的低密度材料如非金属材料成为可能	曝光时间长且程序复杂，需解决工作人员安全防护问题
超声波探伤		具有较高的探伤灵敏度、周期短、成本低、灵活方便、效率高，对人体无害	对工作表面及检验人员均有要求，对缺陷没有直观性
涡流探伤		检测速度快，探头与试件可不直接接触，无须耦合剂	只适用于导体，对形状复杂试件难作检查
磁粉探伤		几乎不受试件大小和形状的限制	(1) 只能用于铁磁性材料。 (2) 只能发现表面和近表面缺陷，宽而浅的缺陷也难以检测。 (3) 检测后常需退磁和清洗试件表面不得有油脂或其他能黏附磁粉的物质
渗透探伤		(1) 不受被检试件几何形状、尺寸大小、化学成分和内部组织结构的限制，也不受缺陷方位的限制，一次操作可同时检验开口于表面中所有缺陷。【2012年】 (2) 不需要特别昂贵和复杂的电子设备和器械。 (3) 检验速度快，操作简便，可同时进行批量检验。【2012年】 (4) 缺陷显示直观，检验灵敏度高【2012年】	只能检出试件开口于表面的缺陷，不能显示缺陷的深度及缺陷内部的形状和大小

考点7　金属表面除锈方法

（题干） 用于清除物件表面的锈蚀、氧化皮及各种污物，使金属表面呈现一层较均匀而粗糙的表面，以增加漆膜的附着力，该种除锈防腐为（**B**）。

A. 手工方法　　　　　　　　　　B. 喷射除锈法
C. 抛射除锈　　　　　　　　　　D. 酸洗法
E. 火焰除锈法

细说考点

金属表面除锈方法共有四大类，每类方法的特性及适用范围是考核重点，下面以题目的形式为大家展示可能会考核的内容及考核方式。

(1) 金属表面除锈方法中的（A）是一种最简单的方法，适用于一些较小的物件表面处理。

(2) 钢材表面除锈方法中的机械法主要包括（BC）。

(3) 目前最广泛采用的除锈方法是（B），这一方法多用于施工现场设备及管道涂覆前的表面处理。

(4) 在金属表面除锈方法中，(B) 具有除锈效率高、质量好、设备简单等优点，但操作时灰尘弥漫，劳动条件差，且会影响到喷砂区附近机械设备的生产和保养。

(5) 在金属表面除锈方法中，(C) 主要用于涂覆车间工件的金属表面处理。

(6) 在金属表面除锈方法中，(C) 的除锈质量好，但只适用于较厚的、不怕碰撞的工件。

(7) 在金属表面除锈方法中，(D) 主要适用于对表面处理要求不高、形状复杂的零部件的除锈。

(8) 在金属表面除锈方法中，(E) 适用于除掉旧的防腐层或带有油浸过的金属表面工程，不适用于薄壁的金属设备、管道，也不能用于退火钢和可淬硬钢的除锈。

考点8　钢材表面除锈质量等级

（题干） 经彻底的喷射或抛射除锈，钢材表面无可见的油脂和污垢，且氧化皮、铁锈和油漆涂层等附着物已基本清除，其残留物应是牢固附着的，此除锈质量等级为（**D**）。

A. St_2　　　　　　　　　　　　B. St_3
C. Sa_1　　　　　　　　　　　　D. Sa_2
E. $Sa_{2.5}$　　　　　　　　　　　F. Sa_3
G. F_1　　　　　　　　　　　　H. P_i

细说考点

关于本考点还可能考核的题目有：

(1) 经彻底的手工和动力工具除锈，钢材表面无可见的油脂和污垢，且没有附着不牢的氧化皮、铁锈和油漆涂层等附着物。可保留粘附在钢材表面且不能被钝油灰刀剥掉的氧化皮、锈和旧涂层。此除锈质量等级为（A）。

(2) 经非常彻底的手工和动力工具除锈，钢材表面无可见的油脂和污垢，且没有附着不牢的氧化皮、铁锈和油漆涂层等附着物，底材显露部分的表面应具有金属光泽。此除锈质量等级为（B）。

(3) 经轻度的喷射或抛射除锈，钢材表面无可见的油脂和污垢，且没有附着不牢的氧化皮、铁锈和油漆涂层等附着物。此除锈质量等级为（C）。

(4) 经非常彻底的喷射或抛射除锈，钢材表面无可见的油脂、污垢、氧化皮、铁锈和油漆涂层等附着物，任何残留的痕迹仅是点状或条纹状的轻微色斑。此除锈质量等级为（E）。

(5) 经使钢材表观洁净的喷射或抛射除锈，非常彻底地除掉金属表面的一切杂物，表面无任何可见残留物及痕迹，呈现均匀的金属色泽，并有一定的粗糙度。此除锈质量等级为（F）。

(6) 钢材经火焰除锈后，表面无氧化皮、铁锈和油漆涂层等附着物，任何残留的痕迹应仅为表面变色。此除锈质量等级为（G）。

(7) 经化学除锈后，金属表面无可见的油脂和污垢，酸洗未尽的氧化皮、铁锈和油漆涂层的个别残留点允许用手工或机械方法除去，最终该表面应显露金属原貌，无再度锈蚀。此除锈质量等级为（H）。

考点9　涂料涂层施工方法

(题干) 涂料涂覆工艺中，为保障环境安全，需要设置废水处理工艺的是（E）。

A. 刷涂法
B. 高压无气喷涂法【2014年、2017年】
C. 空气喷涂法
D. 滚涂法
E. 电泳涂装法【2019年】

细说考点

对于本考点应重点掌握各刷油（涂覆）方法的优缺点，考核形式以多项选择题居多，一般都是给出某一方法，让大家选出与之对应的特性。

刷油（涂覆）方法	优点	缺点
刷涂法	漆膜渗透性强，可以探入到细孔、缝隙中；设备简单，投资少，操作容易掌握，适应性强；对工件形状要求不严，节省涂料等	劳动强度大，生产效率低，涂膜易产生刷痕，外观欠佳

续表

刷油（涂覆）方法	优点	缺点
空气喷涂法	可获得厚薄均匀、光滑平整的涂层	利用率低，且由于溶剂挥发，对空气的污染也较严重，施工中必须采取良好的通风和安全预防措施
高压无气喷涂法	工效高，涂膜的附着力较强、质量好，节省漆料，减少污染，改善了劳动条件。适宜于大面积的物体涂装【2014年、2017年】	
滚涂法	较刷涂法效率高，适用于较大面积工件的涂装	
电泳涂装法	（1）降低了大气污染和环境危害，安全卫生，同时避免了火灾的隐患。【2016年】 （2）涂装效率高，涂料损失小，涂料的利用率可达90%~95%。【2016年】 （3）涂膜厚度均匀，附着力强，涂装质量好。【2016年】 （4）生产效率高，施工可实现自动化连续生产，大大提高劳动效率	设备复杂，投资费用高，耗电量大，施工条件严格，并需进行废水处理

考点10 衬铅和搪铅衬里

（题干）下列关于衬铅和搪铅衬里的说法，正确的是（ABCDEF）。
A. 衬铅法包括搪钉固定法、螺栓固定法和压板条固定法
B. 采用氢-氧焰将铅条熔融后贴覆在被衬的工件或设备表面上形成具有一定厚度密实的铅层的方法是搪铅法【2016年】
C. 衬铅法生产周期短，相对成本低
D. 搪铅法与设备器壁之间结合均匀且牢固，没有间隙，传热性好
E. 衬铅法适用于立面、静荷载和正压下工作
F. 搪铅法适用于负压、回转运动和震动下工作

细说考点

1. 选项A一般不会作为一个单独的采分点进行考核。

2. 选项 B 是对搪铅法的解释，在 2016 年的考试中对这一知识点进行过考核。

3. 一般情况下选项 C 与 E 的内容，D 与 F 的内容会结合起来一起考核，让大家判断题干所述为哪种方法。例如：

某设备内部需覆盖铅防腐，该设备在负压下回转运动，且要求传热性好，此时覆盖铅的方法应为（D）。【2012 年、2014 年、2017 年】

A. 螺栓固定法　　　　　　　　　　B. 压板条固定法
C. 搪钉固定法　　　　　　　　　　D. 搪铅法

考点 11　绝热工程防潮层、保护层施工

（题干）管道绝热工程施工时，适用于纤维质绝热层面上的防潮层材料应该采用（B）。

A. 阻燃性沥青玛琋脂贴玻璃布【2013 年】

B. 塑料薄膜【2015 年】

C. 玻璃丝布

D. 石棉石膏或石棉水泥

E. 镀锌薄钢板

F. 铝箔玻璃钢薄板

G. 铝合金薄板

细说考点

1. A、B 选项属于用作防潮层施工的材料。阻燃性沥青玛琋脂贴玻璃布作防潮隔气层时，适用于在硬质预制块做的绝热层或涂抹的绝热层上面使用。【2013 年】

2. C~G 选项属于用作保护层施工的材料。玻璃丝布保护层适用于纤维制的绝热层上面使用；石棉石膏或石棉水泥保护层适用于硬质材料的绝热层上面或要求防火的管道上。

3. 对于金属薄板保护层还应当掌握金属保护层接缝连接方法的相关知识：

（1）硬质绝热制品金属保护层纵缝，在不损坏里面制品及防潮层的前提下可进行（咬接）。

（2）半硬质或软质绝热制品的金属保护层纵缝可用（插接或搭接）。插接缝可用（自攻螺钉或抽芯铆钉）连接，而搭接缝只能用（抽芯铆钉）连接，钉的间距为 200mm。【2016 年】

（3）金属保护层的环缝，可采用（搭接或插接）。

（4）保冷结构的金属保护层接缝宜用（咬合或钢带捆扎结构）。【2017 年】

（5）铝箔玻璃钢薄板保护层的纵缝，不得使用自攻螺钉固定。可同时用（带垫片抽芯铆钉和玻璃钢打包带捆扎）进行固定。

考点 12　起重机

(题干) 起重机可分为桥架型起重机、臂架型起重机、缆索型起重机三大类。下列属于桥架型起重机的是（**ABC**）。

A. 桥式起重机　　　　　　　　B. 门式起重机
C. 半门式起重机　　　　　　　D. 塔式起重机
E. 流动式起重机　　　　　　　F. 铁路起重机
G. 门座起重机　　　　　　　　H. 半门座起重机
I. 桅杆起重机　　　　　　　　J. 悬臂式起重机
K. 浮式起重机　　　　　　　　L. 甲板起重机
M. 缆索起重机　　　　　　　　N. 门式缆索起重机

细说考点

1. 本考点的第一个采分点是起重机的分类，还可能作为考题出现的题目有：

（1）起重机可分为桥架型起重机、臂架型起重机、缆索型起重机三大类。下列属于臂架型起重机的是（DEFGHIJKL）。

（2）起重机可分为桥架型起重机、臂架型起重机、缆索型起重机三大类。下列属于缆索型起重机的是（MN）。

2. 该考点还需要掌握的另一个很重要的采分点是常用起重机的特性及适用范围，这是历年考试的常考点。具体内容见下表：

常用起重机		特性	适用范围
塔式起重机		（1）吊装速度快，台班费低。 （2）起重量一般不大，并需要安装和拆卸	适用于在某一范围内数量多，而每一单件重量较小的设备、构件吊装，作业周期长
桅杆起重机		（1）结构简单，起重量大。 （2）对场地要求不高，使用成本低，但效率不高	某些特重、特高和场地受到特殊限制的设备、构件吊装
流动式起重机	汽车起重机	具有汽车的行驶通过性能，机动性强，行驶速度高，可以快速转移。但不可在 360° 范围内进行吊装作业，对基础要求也较高	流动性大、不固定的作业场所
	轮胎起重机	稳定性能较好，车身短，转弯半径小，可以全回转作业【2016 年】	作业地点相对固定而作业量较大的场合【2016 年】
	履带起重机	行走速度较慢，转移场地需要用平板拖车运输，在臂架上可装打桩、抓斗、拉铲等工作装置，一机多用	没有道路的工地、野外等场所

考点 13　吊装方法

（题干） 下列吊装方法中，（D）的起重能力为 3～1000t，跨度在 3～150m，使用方便。多为仓库、厂房、车间内使用，一般为单机作业，也可双机抬吊。

A. 塔式起重机吊装　　　　　　　B. 汽车起重机吊装
C. 履带起重机吊装　　　　　　　D. 桥式起重机吊装
E. 直升机吊装　　　　　　　　　F. 桅杆系统吊装
G. 缆索系统吊装　　　　　　　　H. 液压提升
I. 利用构筑物吊装

> **细说考点**
>
> 本考点还可能考核题目有：
> （1）某工作现场要求起重机吊装能力为 3～100t，臂长 40～80m，使用地点固定、使用周期较长且较经济。一般为单机作业，也可双机抬吊。应选用的吊装方法为（A）。
> （2）起重能力为 30～2000t，臂长在 39～190m，中、小重物可吊重行走，机动灵活，使用方便，使用周期长，较经济的吊装方法是（C）。
> （3）起重能力达 26t，可用在其他吊装机械无法完成吊装的地方的吊装方法是（E）。
> （4）可用在重量不大、跨度、高度较大场合的吊装方法是（G）。

考点 14　吊装计算荷载

（题干） 多台起重机共同抬吊一重 40t 的设备，索吊具重量 0.8t，不均衡荷载系数取上、下限平均值，此时计算荷载应为（C）t。（取小数点后两位）【2013 年、2014 年、2015 年、2017 年】

A. 46.92　　　　　　　　　　　B. 50.60
C. 51.61　　　　　　　　　　　D. 53.86

> **细说考点**
>
> 1. 我们先分析一下解答本题的思路。解答题目时，应先通过审题判断应适用哪一个公式。单台起重机吊装仅需在设备及索、吊具重量的基础上考虑动载荷系数 K_1，多台（包括两台）起重机吊装既需要考虑动载荷系数 K_1，又需要考虑不均衡载荷系数 K_2。因此：
> （1）在单台起重吊装工程计算中，以动载荷系数（K_1）计入其影响，则单台起

重机械计算载荷（Q_j）公式为：$Q_j = K_1 \times$ 吊装载荷（Q）。一般取动载荷系数 K_1 为 1.1。

（2）在多台（包括两台）起重吊装工程计算中，以动载荷系数（K_1）及不均衡载荷系数（K_2）计入其影响，则多台起重机械计算载荷（Q_j）公式为：$Q_j = K_1 \times K_2 \times$ 吊装载荷（Q）。一般取不均衡载荷系数 K_2 为 1.1~1.2。

2. 通过审题我们知道该题应选用第二个公式，接下来我们根据题干中所给出的数字来计算一下。

$$Q_j = 1.1 \times (1.1+1.2)/2 \times (40+0.8) = 51.61$$

3. 有的考生可能会问在计算过程中 K_2 到底要取什么数值呢，对于这一点大家不用担心，因为在题目中都会提示给大家的。例如在 2014 年考试中说的是"不均衡荷载系数取下限"，在 2013 年度的考试中说的是"不均衡荷载系数为 1.1"。

4. 这类题目实际上难度并不大，只要审清楚题目，选对公式就能正确解答。

考点 15　管道系统的吹扫与清洗

(题干) 液压、润滑管道的除锈可采用（F）。
A. 压缩空气吹扫　　　　　　　B. 空气爆破法吹扫
C. 蒸汽吹扫　　　　　　　　　D. 水冲洗
E. 油清洗　　　　　　　　　　F. 酸洗

细说考点

1. 除设计文件有特殊要求的管道外，管道系统的吹扫与清洗应符合一些规定，下面以题目的形式将大家要掌握的知识点列出。

（1）$DN < 600$mm 的液体管道，宜采用（D）。【2017 年】

（2）$DN < 600$mm 的气体管道，宜采用（A）。

（3）蒸汽管道应采用（C）。

（4）某工艺管道系统，其管线长、管径大、系统容积也大，且工艺限定禁水。此管道的吹扫、清洗方法应选用（B）。【2016 年】

（5）润滑、密封及控制系统的油管道，应在机械设备和管道吹扫、（F）合格后，系统试运行前进行油清洗。

（6）润滑、密封及控制系统的不锈钢油管道，在对其进行油清洗前，应进行（C）。【2012 年、2013 年】

2. 对于本考点还需要掌握的一个关于顺序的采分点。

（1）吹扫与清洗的顺序：主管→支管→疏排管。

（2）蒸汽吹扫顺序：加热→冷却→再加热。（循环进行）

3. 对于本考点还需要掌握的一个关于流速的采分点。

类别	空气吹扫	蒸汽吹扫	水冲洗
流速	≥20m/s	≥30m/s	≥1.5m/s

考点16 管道压力试验

（题干）某埋地敷设承受内压的铸铁管道，当设计压力为 0.4MPa 时，其液压试验的压力应为（B）。【2013年、2014年、2016年、2017年】

A. 0.6MPa　　　　　　　　　　B. 0.8MPa
C. 0.9MPa　　　　　　　　　　D. 1.0MPa

细说考点

1. 管道压力试验可分为液压试验和气压试验两种，上述题目考核的是液压试验压力的确定，那么我们就从试验压力说起。

试验压力从大体上可分为液压压力和气压压力两种，每种又区分了不同的情形，在这里建议大家列一个表，对比记忆。

	液压试验		气压试验		
管道类别	设计压力	试验压力	管道类别	设计压力	试验压力
地上钢管道及有色金属管道	（无区分）	设计压力×1.5	钢管及有色金属管	（无区分）	设计压力×1.15
埋地钢管道					
埋地铸铁管道	≤0.5MPa【2013年、2016年、2017年】	设计压力×2【2013年、2016年、2017年】	真空管道	（无区分）	0.2MPa
	＞0.5MPa【2014年】	设计压力＋0.5MPa【2014年】			

我们再回看上面的题目是怎么作出答案的。捕捉题目中的关键信息："埋地铸铁管道、设计压力为0.4MPa"，结合上面总结的表格，试验压力为：设计压力×2 即 0.4×2＝0.8MPa。

2. 关于压力试验的第二个采分点是试验介质。

试验种类	试验介质
液压试验	清洁水、无毒液体、可燃液体（闪电不得低于50℃）
气压试验	干燥清洁的空气、氮气或其他不易燃和无毒的气体

这一知识点较简单，一般不会单独进行考核，当出题老师出的题目是"下列关于管道液压试验的说法中……"这一内容可能会被作为其中的一个备选项进行考核。

3. 本考点的第三个采分点是试验方法和要求。

(1) 管道液压试验在试验方法和要求方面应掌握的知识点有：

① 升压时应缓慢进行，达到规定的试验压力以后，稳压（10min），经检查无泄漏、无变形为合格。

② 试验时，环境温度低于（5℃）时，应采取防冻措施。

(2) 管道气压试验在试验方法和要求方面应掌握的知识点有：

① 试验时，其设定压力不得高于试验压力的（1.1）倍。

② 试验前，应用压缩空气进行预试验，试验压力宜为（0.2MPa）。

③ 试验时，应缓慢升压，当压力升到规定试验压力的（50%）时，应暂停升压，对管道进行一次全面检查，如无泄漏或其他异常现象，可继续按规定试验压力的（10%）逐级升压，每级稳压（3min），直至试验压力。并在试验压力下稳压（10min），再将压力降至设计压力，以发泡剂检验不泄漏为合格。

这里特别提醒大家着重记忆一下数字部分的内容，这里可能会以单项选择题的形式进行考核。

4. 本考点还应掌握有关泄漏性试验的内容，这一内容在2016年的考试中曾进行过考核。下面以判断说法正确与否的题型展示给大家。

输送极度和高度危害介质以及可燃介质的管道，必须进行泄漏性试验。关于泄漏性试验描述正确的有（ABCD）。【2016年】

A. 泄漏性试验应在压力试验合格后进行

B. 泄漏性试验应以气体为试验介质

C. 泄漏性试验检查重点是阀门填料函、法兰或者螺纹连接处、放空阀、排气阀、排水阀等所有密封点有无泄漏

D. 采用涂刷中性发泡剂来检查有无泄漏

第三章
安装工程计量

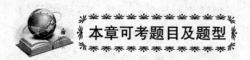

考点1 安装工程分类编码体系

（题干）依据《通用安装工程工程量计算规范》GB 50856—2013 的规定，项目编码设置中的第四级编码的数字位数及表示含义为（EG）。

A. 表示工程类别
B. 表示各专业工程
C. 表示各专业工程下的各分部工程
D. 表示清单项目名称顺序码
E. 表示各分部工程的各分项工程【2013年、2014年】
F. 采用两位数表示
G. 采用三位数表示

> **细说考点**
>
> 分部分项工程量清单项目编码共五级，在考试时一般会对每级编码代表的含义及表示位数进行考核。本考点还可能出的考试题目有：
> （1）依据《通用安装工程工程量计算规范》GB 50856—2013 的规定，项目编码设置中的第一级编码的数字位数及表示含义为（AF）。
> （2）依据《通用安装工程工程量计算规范》GB 50856—2013 的规定，项目编码设置中的第二级编码的数字位数及表示含义为（BF）。
> （3）依据《通用安装工程工程量计算规范》GB 50856—2013 的规定，项目编码设置中的第三级编码的数字位数及表示含义为（CF）。
> （4）依据《通用安装工程工程量计算规范》GB 50856—2013 的规定，项目编码设置中的第五级编码的数字位数及表示含义为（DG）。

考点2 安装工程计量项目的划分

（题干）依据《通用安装工程工程量计算规范》GB 50856—2013，安装工程分类编码体系中，第一、二级编码为 0308，表示（H）。

A. 机械设备安装工程

B. 热力设备安装工程

C. 静置设备与工艺金属结构制作安装工程

D. 电气设备安装工程

E. 建筑智能化工程

F. 自动化控制仪表安装工程【2018年】

G. 通风空调工程【2014年】

H. 工业管道工程【2017年】

I. 消防工程

J. 给排水、采暖、燃气工程【2014年、2016年】

K. 通信设备及线路工程

L. 刷油、防腐蚀、绝热工程【2012年、2014年】

M. 措施项目

> **细说考点**
>
> 1. 通过对"安装工程分类编码体系"这一考点的学习，相信大家已经明白了安装工程清单编码的规则了，在历年考试中还会考查安装工程计量项目划分的相关知识，还会作为考试的题目有：
>
> （1）依据《通用安装工程工程量计算规范》GB 50856—2013，安装工程分类编码体系中，第一、二级编码为0301，表示（A）。
>
> （2）依据《通用安装工程工程量计算规范》GB 50856—2013，安装工程分类编码体系中，第一、二级编码为0302，表示（B）。
>
> （3）依据《通用安装工程工程量计算规范》GB 50856—2013，安装工程分类编码体系中，第一、二级编码为0303，表示（C）。
>
> （4）依据《通用安装工程工程量计算规范》GB 50856—2013，安装工程分类编码体系中，第一、二级编码为0304，表示（D）。
>
> （5）依据《通用安装工程工程量计算规范》GB 50856—2013的规定，编码0305所表示的项目名称为（E）。
>
> （6）依据《通用安装工程工程量计算规范》GB 50856—2013的规定，编码0306所表示的项目名称为（F）。【2018年】
>
> （7）依据《通用安装工程工程量计算规范》GB 50856—2013的规定，编码0307所表示的项目名称为（G）。【2014年】
>
> （8）依据《通用安装工程工程量计算规范》GB 50856—2013的规定，编码0309所表示的项目名称为（I）。
>
> （9）依据《通用安装工程工程量计算规范》GB 50856—2013的规定，编码0310所表示的项目名称为（J）。【2014年、2016年】
>
> （10）依据《通用安装工程工程量计算规范》GB 50856—2013的规定，编码0311

所表示的项目名称为（K）。

(11) 依据《通用安装工程工程量计算规范》GB 50856—2013 的规定，编码 0312 所表示的项目名称为（L）。【2012 年、2014 年】

(12) 依据《通用安装工程工程量计算规范》GB 50856—2013 的规定，编码 0313 所表示的项目名称为（M）。

2. 在考试中除了以上的问法外还会反过来，让大家选出某一工程类别的编码，本考点难度不大，重在记忆。

考点3　分部分项工程量清单

（题干） 根据《通用安装工程工程量计算规范》GB 50856—2013，下列关于编制分部分项工程量清单相关事项的说法中，正确的是（ABCDEFG）。

A. 编制分部分项工程项目清单时，项目编码、项目名称、项目特征、计量单位和工程量这五个要件缺一不可【2019 年】

B. 项目安装高度若超过基本高度时，应在"项目特征"中描述

C. 清单项目工程量的计量单位均采用基本单位，不得使用扩大单位

D. 有两个或两个以上计量单位的，应结合拟建工程的实际选择其中一个

E. 同一工程项目的计量单位应一致

F. 清单工程量的计算规则是按施工图图示尺寸（数量）计算工程数量

G. 清单编制人应根据该清单项目特征中的设计要求，或根据工程具体情况，或根据常规施工方案，从中选择其具体的施工作业内容

细说考点

1. 首先，对于 B 选项所述内容我们有话说：

(1) 可在"项目特征"处挖空，题目可能会这样设置：项目安装高度若超过基本高度时，应在（项目特征）中描述。

(2) 关于"基本高度"连续四年进行过考核，下面我们以历年考题的出题形式将大家应掌握的知识点汇总在下面的题目中。

依据《通用安装工程工程量计算规范》GB 50856—2013，项目安装高度若超过基本高度时，应在"项目特征"中描述。对于附录 G 通风空调工程，其基本安装高度为（C）m。

A. 3.6　　　　　　　　　　　　　B. 5【2015 年】

C. 6【2014 年、2016 年、2018 年】　　D. 10【2019 年】

【分析】

如果以数字作为选项的话，一定就是这四个数字，下面来一一对应下：

① 依据《通用安装工程工程量计算规范》GB 50856—2013，对于附录 A 机械设

备安装工程,其基本安装高度为(D)m。

② 依据《通用安装工程工程量计算规范》GB 50856—2013,对于附录 D 电气设备安装工程、E 建筑智能化工程、J 消防工程,其基本安装高度均为(B)m。

③ 依据《通用安装工程工程量计算规范》GB 50856—2013,对于附录 K 给排水、采暖、燃气工程,其基本安装高度均为(A)m。

④ 依据《通用安装工程工程量计算规范》GB 50856—2013,对于附录 M 刷油、防腐蚀、绝热工程,其基本安装高度均为(C)m。【2018 年】

2.关于"工程内容"在 2015 年考试中曾这样考过:

依据《通用安装工程工程量计算规范》GB 50856—2013,附录 H 工业管道工程中低压碳钢管安装的"工程内容"有安装、压力试验、吹扫,还包括(AB)。

A.清洗 B.脱脂
C.钝化 D.预膜

这道题目考核的内容是教材中的示例,好多考生因为是示例就不看了,但是很多时候题目就出自示例,因此大家在复习的时候应看一下教材中的示例,出题的可能性是很大的。

考点 4　措施项目清单内容

(题干) 依据《通用安装工程工程量计算规范》GB 50856—2013,措施项目清单中,属于专业措施项目的有(ABCDEFGHIJKLMNOPQ)。

A.吊装加固【2019 年】

B.金属抱杆安装拆除、移位

C.平台铺设、拆除【2017 年、2019 年】

D.顶升、提升装置

E.大型设备专用机具

F.焊接工艺评定【2017 年】

G.防护棚制作、安装拆除【2017 年】

H.胎(模)具制作、安装、拆除【2019 年】

I.在有害身体健康环境中施工增加

J.安装与生产同时进行施工增加

K.工程系统检测、检验

L.特殊地区施工增加【2013 年】

M.焦炉烘炉、热态工程

N.设备、管道施工的安全、防冻和焊接保护

O.隧道内施工的通风、供水、供气、供电、照明及通信设施

P.脚手架搭拆【2013 年】

Q. 管道安拆后的充气保护
R. 安全文明施工
S. 夜间施工
T. 非夜间施工【2019年】
U. 二次搬运
V. 冬雨期施工增加
W. 已完工程及设备保护
X. 高层施工增加【2019年】

细说考点

1. 首先，大家不要看到那么多的备选项就蒙了，其实这里也只可以出两道题目，第一道是属于专业措施项目的是哪些？第二道是属于通用措施项目的是哪些？

不但题目只有两道，选项设置也固定，如果问专业措施项目有哪些，那一定会把通用措施项目作为干扰项；如果问通用措施项目有哪些，那一定会把专业措施项目作为干扰项。

2. 选项 A~Q 是专业措施项目；选项 R~X 是通用措施项目。

3. 本考点需要大家掌握的第二个重要采分点是各专业/通用措施项目所包含的工作内容。这一采分点考核的频率也很高，考试题型一般为多项选择题，例如：

依据《通用安装工程工程量计算规范》GB 50856—2013，脚手架搭拆措施项目包括的工作内容有（ABD）。

A. 场内、场外相关材料搬运　　　　B. 搭设、拆除脚手架
C. 搭设、拆除围护网　　　　　　　D. 拆除脚手架后材料的堆放

由于这一内容多而杂，还是选择表格的形式给大家列出，方便大家学习。

专业措施项目的工作内容及包含范围　　　　表1

专业措施项目	工作内容及包含范围
吊装加固	行车梁加固；桥式起重机加固及负荷试验；整体吊装临时加固件，加固设施拆除、清理【2013年、2018年】
金属抱杆安装、拆除、移位	安装、拆除；位移；吊耳制作安装；拖拉坑挖埋
平台铺设、拆除	场地平整；基础及支墩砌筑；支架型钢搭设；铺设；拆除、清理
顶升、提升装置	安装、拆除
大型设备专用机具	
隧道内施工的通风、供水、供气、供电、照明及通信设施	
焊接工艺评定	焊接、试验及结果评价

续表

专业措施项目	工作内容及包含范围
胎（模）具制作、安装、拆除	制作、安装、拆除
防护棚制作、安装拆除	
特殊地区施工增加	高原、高寒施工防护；地震防护【2018年】
安装与生产同时进行施工增加	火灾防护；噪声防护
在有害身体健康环境中施工增加	有害化合物防护；粉尘防护；有害气体防护；高浓度氧气防护
工程系统检测、检验	起重机、锅炉、高压容器等特种设备安装质量监督检验检测；由国家或地方检测部门进行的各类检测
设备、管道施工的安全、防冻和焊接保护	保证工程施工正常进行的防冻和焊接保护
焦炉烘炉、热态工程	烘炉安装、拆除、外运；热态作业劳保消耗
管道安拆后的充气保护	充气管道安装、拆除
脚手架搭拆	场内、场外材料搬运；搭、拆脚手架；拆除脚手架后材料的堆放【2016年】
其他措施	为保证工程施工正常进行所发生的费用

通用措施项目的工作内容及包含范围　　　　　　　　　　　　　表 2

	通用措施项目	工作内容及包含范围
安全文明施工	环境保护	现场施工机械设备降低噪声、防扰民措施；水泥和其他易飞扬细颗粒建筑材料密闭存放或采取覆盖措施等；工程防扬尘洒水；土石方、建渣外运防护措施等；现场污染源的控制、生活垃圾清理外运、场地排水排污措施；其他环境保护措施
	文明施工	"五牌一图"；现场围挡的墙面美化；压顶装饰；现场厕所便槽刷白、贴面砖，水泥砂浆地面或地砖，建筑物内临时便溺设施；其他施工现场临时设施的装饰装修、美化措施；现场生活卫生设施；符合卫生要求的饮水设备、淋浴、消毒等设施；生活用洁净燃料；防煤气中毒、防蚊虫叮咬等措施；施工现场操作场地的硬化；现场绿化、治安综合治理；现场配备医药保健器材、物品费用和急救人员培训；用于现场工人的防暑降温、电风扇、空调等设备及用电；其他文明施工措施

41

续表

通用措施项目		工作内容及包含范围
安全文明施工	安全施工	安全资料、特殊作业专项方案的编制，安全施工标志的购置及安全宣传；"三宝"、"四口"、"五临边"、水平防护架、垂直防护架、外架封闭等防护措施；施工安全用电，包括配电箱三级配电、两级保护装置要求、外电防护措施；起重机、塔式起重机等起重设备（含井架、门架）及外用电梯的安全防护措施（含警示标志）及卸料平台的临边防护、层间安全门、防护棚等设施；建筑工地起重机械的检验检测；施工机具防护棚及其围栏的安全保护设施；施工安全防护通道；工人的安全防护用品、用具购置；消防设施与消防器材的配置；电气保护、安全照明设施；其他安全防护措施
	临时设施	施工现场采用彩色、定型钢板、砖、混凝土砌块等围挡的安砌、维修、拆除；施工现场临时建筑物、构筑物的搭设、维修、拆除，如临时宿舍、办公室、食堂、厨房、厕所、诊疗所、临时文化福利用房、临时仓库、加工场、搅拌台、临时简易水塔、水池等；施工现场临时设施的搭设、维修、拆除，如临时供水管道、临时供电管线、小型临时设施等；施工现场规定范围内临时简易道路铺设，临时排水沟、排水设施安砌、维修、拆除；其他临时设施的搭设、维修、拆除【2016年】
夜间施工增加		夜间固定照明灯具和临时可移动照明灯具的设置、拆除；夜间施工时，施工现场交通标志、安全标牌、警示灯等的设置、移动、拆除；夜间照明设备及照明用电、施工人员夜班补助、夜间施工劳动效率降低等
非夜间施工增加		为保证工程施工正常进行，在地下（暗）室、设备及大口径管道内等特殊施工部位施工时所采用的照明设备的安拆、维护及照明用电、通风等；在地下（暗）室等施工引起的人工工效降低以及由于人工工放降低引起的机械降效
二次搬运		由于施工场地条件限制而发生的材料、成品、半成品等一次运输不能到达堆放地点，必须进行二次或多次搬运
冬雨季施工增加		冬雨（风）季施工时增加的临时设施（防寒保温、防雨、防风设施）的搭设、拆除；冬雨（风）季施工时，对砌体、混凝土等采用的特殊加温、保温和养护措施；冬雨（风）季施工时，施工现场的防滑处理、对影响施工的雨雪的清除；冬雨（风）季施工时增加的临时设施、施工人员的劳动保护用品、冬雨（风）季施工劳动效率降低等
已完工程及设备保护		对已完工程及设备采取的覆盖、包裹、封闭、隔离等必要保护措施
高层施工增加		高层施工引起的人工工效降低以及由于人工工效降低引起的机械降效；通信联络设备的使用。 （1）单层建筑物檐口高度超过20m，多层建筑物超过6层时，应分别列项。【2017年】 （2）突出主体建筑物顶的电梯机房、楼梯出口间、水箱间、瞭望塔、排烟机房等不计入檐口高度。计算层数时，地下室不计入层数【2017年】

续表

通用措施项目	工作内容及包含范围
其他	工业炉烘炉、设备负荷试运转、联合试运转、生产准备试运转及安装工程设备场外运输应根据招标人提供的设备及安装主要材料堆放点按其他措施编码列项。大型机械设备进出场及安拆，应按《房屋建筑与装饰工程工程量计算规范》GB 50854—2013 相关项目编码列项。施工排水是指为保证工程在正常条件下施工所采取的排水措施，施工降水是指为保证工程在正常条件下施工所采取的降低地下水位的措施

考点 5 其他项目清单

（题干）依据《建设工程工程量清单计价规范》GB 50500—2013 的规定，安装工程量清单中的其他项目清单包括（ABCD）。

A. 暂列金额【2014 年】　　　　　　　B. 暂估价
C. 计日工【2014 年】　　　　　　　　D. 总承包服务费【2014 年】

细说考点

1. 对于安装工程量清单中的其他项目清单的内容，会以多项选择题的形式进行考核。可能会将分包服务费作为干扰项。

2. 考生应明晰其他项目清单各内容项的概念，这一采分点通常会这样考核：

（1）工程合同签订时尚未确定或者不可预见的所需材料、工程设备、服务的采购等费用属于（A）。【2017 年】

（2）施工中可能发生工程变更的所需费用是（A）。【2017 年】

（3）合同约定调整因素出现时的合同价款调整及发生的索赔、现场签证确认等的费用是（A）。【2017 年】

（4）在施工过程中，承包人完成发包人提出的工程合同范围以外的零星项目或工作，按合同中约定的单价计价的一种方式，是为解决现场发生的零星工作的计价而设立的费用是（C）。

（5）总承包人为配合协调发包人进行的专业工程发包，对发包人自行采购的材料、工程设备等进行保管以及施工现场管理、竣工资料汇总整理等服务所需的费用是（D）。

第四章 通用设备工程

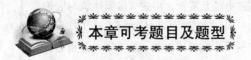

考点1 机械设备的分类

（题干）机械设备按使用范围可分为通用机械设备和专用机械设备，下列设备中属于专用机械设备的是（IJKLMNOPQ）。

A. 锻压设备
B. 铸造设备
C. 金属切削设备
D. 泵
E. 压缩机
F. 风机
G. 起重运输机械
H. 电动机
I. 干燥设备
J. 过滤设备【2016年】
K. 压滤机械设备
L. 污水处理设备
M. 橡胶加工机械设备
N. 化肥加工机械设备
O. 医药加工机械设备
P. 炼油机械设备
Q. 胶片生产机械设备

细说考点

1. 选项 A~H 均属于通用机械设备，如考核通用机械设备的类别也同样会将专用机械设备（I~Q）作为干扰项。

2. 机械设备有两种分类方法，一种是按照使用范围进行分类，另一种是按照在生产中所起的作用进行分类。这一内容虽然近些年从未考核过，但大家也要记住。

类别	示例
液体介质输送和给料机械	各种泵
气体输送和压缩机械	真空泵、风机、压缩机
固体输送机械	提升机、皮带运输机、螺旋输送机、刮板输送机
粉碎及筛分机械	破碎机、球磨机、振动筛
冷冻机械	冷冻机和结晶器
搅拌与分离机械	搅拌机、过滤机、离心机、脱水机、压滤机
成型和包装机械	扒料机、石蜡、沥青、硫黄的成型机械和产品的包装机械
起重机械	各种桥式起重机、龙门吊
金属加工机械	切削、研磨、刨铣、钻孔机床以及金属材料试验机械等
动力机械	汽轮机、发电机、电动机
污水处理机械	刮油机、刮泥机、污泥（油）输送机
其他	抽油机、水力除焦机、干燥机

考点 2　机械设备安装准备工作

(题干) 在对设备及大、中型部件进行局部清洗时,可采用的清洗方法有（A）。

A. 使用溶剂油、航空洗涤汽油、轻柴油、乙醇和金属清洗剂进行擦洗和涮洗

B. 使用相应的清洗液浸泡【2013年、2014年】

C. 采用多步清洗法或浸、涮结合清洗【2014年】

D. 采用溶剂油、蒸汽、热空气、金属清洗剂和三氯乙烯等清洗液进行喷洗【2011年】

E. 采用超声波装置进行清洗

F. 采用溶剂油、清洗汽油、轻柴油、金属清洗剂和三氯乙烯等进行清洗

G. 采用溶剂油、清洗汽油、轻柴油、金属清洗剂、三氯乙烯和碱液等进行浸-喷联合清洗

> **细说考点**
>
> 1. 对于设备的清洗,还可能考核下列内容:
> (1) 对中小型形状复杂的装配件,可采用的清洗方法有（BC）。【2014年、2018年】
> (2) 对形状复杂、污垢粘附严重的装配件,宜采用的清洗方法是（D）。【2011年】
> (3) 当对装配件进行最后清洗时,宜（EF）。
> (4) 对形状复杂、污垢粘附严重、清洗要求高的装配件,宜采用的清洗方法是（G）。
>
> 2. 本考点是对机械设备安装准备工作的考核,那么安装准备工作都有哪些呢,我们通过下列这道题来复习一下。
>
> 机械设备安装准备工作关系到工程质量好坏、施工速度快慢等,准备工作主要包括（ABD）。
>
> A. 技术准备【2012年】　　　　B. 组织准备【2012年】
>
> C. 生产准备　　　　　　　　　D. 供应工作准备【2012年】
>
> 通过上题我们得知机械设备安装准备工作共三部分,在历年考试中只对供应工作准备的内容进行过考核,且也只考核了设备清洗方法的选择。

考点 3　地脚螺栓的分类和适用范围

(题干) 适用于有强烈振动和冲击的重型设备在基础上固定所采用的地脚螺栓为（B）。

A. 固定地脚螺栓

B. 活动地脚螺栓【2013年、2015年、2016年、2019年】

C. 锚固式地脚螺栓

D. 粘接地脚螺栓

> **细说考点**
>
> 地脚螺栓主要包括固定地脚螺栓（短地脚螺栓）、活动地脚螺栓（长地脚螺栓）、锚固式地脚螺栓、粘接地脚螺栓四类。在历年考试中，主要是给出某一螺栓的适用范围让大家判断题目所述为哪种螺栓。对于这一考点还可考核下列题目：
>
> （1）适用于没有强烈震动和冲击的设备，在基础上固定所采用的地脚螺栓为（A）。
>
> （2）机械设备安装工程中，常用于固定静置的简单设备或辅助设备的地脚螺栓为（C）。
>
> 在这里给大家提个醒，固定地脚螺栓又称短地脚螺栓，活动地脚螺栓又称长地脚螺栓，一定要记住他们的别称，有的时候选项中会以短地脚螺栓、长地脚螺栓这样的名称出现。

考点4　垫铁

（题干）下列关于垫铁的说法，正确的是（ABCDEFGHIJKLM）。

A. 垫铁按作用不同，分为调整垫铁、减震垫铁、防震垫铁

B. 垫铁按材质不同，分为钢板垫铁和铸铁垫铁

C. 垫铁按形状不同，分为平垫铁、斜垫铁和螺栓调整垫铁

D. 平垫铁（又名矩形垫铁）用于承受主要负荷和较强连续振动的设备

E. 斜垫铁（又名斜插式垫铁）多用于不承受主要负荷的部位【2015年】

F. 相邻两组垫铁距离一般应保持500～1000mm

G. 每一组垫铁内，斜垫铁放在最上面，单块斜垫铁下面应有平垫铁【2012年、2017年】

H. 不承受主要负荷的垫铁组，只使用平垫铁和一块斜垫缺即可

I. 承受主要负荷的垫铁组，应使用成对斜垫铁

J. 承受主要负荷且在设备运行时产生较强连续振动时，垫铁组不能采用斜垫铁、只能采用平垫铁

K. 在垫铁组中，厚垫铁放在下面，薄垫铁放在上面，最薄的安放在中间，且不宜小于2mm

L. 垫铁组伸入设备底座底面的长度应超过设备地脚螺栓的中心

M. 同一组垫铁几何尺寸要相同【2012年】

> **细说考点**
>
> 1. 本考点在历年考试中考核的比较零散，因此我们采用判断说法正确与否的方式，来讲述这一考点。
>
> 2. 选项A、B、C是关于垫铁分类的相关知识，可能会以多项选择题的形式单独进行考核。

3. 选项 D、E 一般会单独考核关于适用范围的相关知识，例如：

既能够承受主要负荷又能承受设备运行时产生较强连续振动的垫铁是（B）。

【2015 年】

A. 三角形垫铁　　　　　　　　　B. 矩形垫铁
C. 梯形垫铁　　　　　　　　　　D. 菱形垫铁

注意别名的问题，在考点 3 中已讲过，大家要注意。

4. 选项 F～M 是关于垫铁放置的相关内容，这一采分点在历年考试中考核的很多，是本考点的重点内容。

考点 5　固体输送设备

（题干）某输送机结构简单，安装、运行、维护方便，节省能量，操作安全可靠，使用寿命长，在规定距离内每吨物料运费较其他设备低。此种输送设备为（A）。

A. 带式输送机【2014 年、2015 年】　　B. 斗式提升机【2016 年、2019 年】
C. 斗式输送机【2016 年】　　　　　　 D. 鳞板输送机
E. 刮板输送机　　　　　　　　　　　　F. 埋刮板输送机【2016 年】
G. 螺旋输送机　　　　　　　　　　　　H. 振动输送机【2012 年、2018 年】

细说考点

1. 首先，应掌握各固体输送设备的适用情形。下面以题目的形式列出考核重点：

(1) 既可以在水平方向运输物料，也可以按一定倾斜角度向上或向下运输物料，且结构简单，经济性能好的固体输送设备是（A）。

(2) 适合输送均匀、干燥、细颗粒散装固体物料的输送设备是（B）。

(3) 特别适合于输送含有块状、没有磨琢性的物料的输送设备是（C）。

(4) 对于提升倾角较大的散装固体物料，可使用的输送设备有（BC）。

(5) 常用来完成大量繁重散装固体及具有磨琢性物料的输送任务的输送设备是（D）。

(6) 用来输送粒状和块状、流动性好、非磨琢性、非腐蚀或中等腐蚀性物料的输送设备是（E）。

(7) 某固体输送设备，可以输送粉状的、小块状的、片状和性状的物料，还能输送需要吹洗的有毒或有爆炸性的物料及除尘器收集的滤灰等。该设备是（F）。

(8) 可广泛用来传送、提升和装卸散状固体物料，但在输送块状、纤维状或黏性物料时被输送的固体物料有压结倾向的输送设备是（G）。

(9) 可以输送具有磨琢性、化学腐蚀性或有毒的散状固体物料，甚至输送高温物料。但不能输送黏性强的、易破损的、含气的物料，同时不能大角度向上倾斜输送物料的输送设备是（H）。

2.除了对各固体输送设备适用情形的考核外,在历年考试中也会对各固体输送设备的优缺点进行考核。下面我们就将几项重要且常考的输送设备的优缺点列于下面的表内,方便大家学习。

固体输送设备的类型	优点	缺点
带式输送机	结构简单,运行、安装、维修方便,节省能量,操作安全可靠,使用寿命长,经济性能好	不能用于提升倾角较大的物料
斗式提升机	所需占地面积小	维护、维修不易,经常需停车检修
斗式输送机	特别适合于输送含有块状、没有磨琢性的物料	输送速度慢,输送能力较低,基建投资费高
埋刮板输送机	被输送的物料在全封闭式的机壳内移动,不污染环境,能防止灰尘逸出【2016年】	
螺旋输送机	设计简单、造价低廉	输送块状,纤维状或黏性物料时被输送的固体物料有压结倾向;输送长度会受到传动轴及联接轴允许转矩大小的限制
振动输送机	结构简单,操作方便,安全可靠	初始价格较高,维护费用较低,输送能力有限,不能输送黏性强、易破损、含气的物料,不能大角度向上倾斜输送物料

考点6 泵的分类

(题干)按照作用原理分类,泵可分为动力式泵、容积式泵及其他类型泵。下列属于动力式泵的有(**ABCD**)。

A. 离心泵　　　　　　　　B. 轴流泵【2016年】

C. 混流泵　　　　　　　　D. 旋涡泵【2016年】

E. 活塞泵【2012年】　　　F. 隔膜泵【2012年】

G. 齿轮泵　　　　　　　　H. 螺杆泵

I. 滑片泵　　　　　　　　J. 凸轮泵

K. 罗茨泵　　　　　　　　L. 转子泵

M. 柱塞泵　　　　　　　　N. 喷射泵

O. 水环泵【2018年】　　　　　　　　P. 电磁泵

Q. 水锤泵

> **细说考点**
>
> 1. 仿照以上题目，还可以这样考核：按照作用原理分类，泵可分为动力式泵、容积式泵及其他类型泵。下列属于容积式泵的有（EFGHIJKLM）。
>
> 2. 按照作用原理，泵可分为动力式、容积式及其他类型泵。以上题目均问的比较直接，其实也可以在题目上稍微设置一个小难点，比如：下列泵中属于依靠流动的液体能量来输送液体的泵的是（NOPQ）。
>
> 根据题目中给出的信息"依靠流动的液体能量来输送液体的泵"我们应当知道符合这一限制条件的泵有喷射泵、水环泵、电磁泵以及水锤泵。

考点7　离心泵的种类、特点及用途

（题干）排出压力可高达 18MPa，主要用于流量较大、扬程较高的城市给水、矿山排水和输油管线的泵为（F）。

A. 单级悬臂式离心水泵　　　　　B. 单级直联式离心水泵

C. 单级悬架式离心水泵　　　　　D. 单级双吸离心泵

E. 分段式多级离心水泵　　　　　F. 中开式多级离心泵【2015年】

G. 自吸离心泵　　　　　　　　　H. 深井泵

I. 浅井泵　　　　　　　　　　　J. 潜水泵

K. 离心式锅炉给水泵【2011年、2012年】　　L. 离心式冷凝水泵【2013年】

M. 热循环水泵　　　　　　　　　N. 普通离心油泵

O. 筒式离心油泵　　　　　　　　P. 离心式管道油泵

Q. 离心式耐腐蚀泵　　　　　　　R. 屏蔽泵【2014年】

S. 离心式杂质泵

> **细说考点**
>
> 1. 离心泵的特点及用途通常会一起考核，作为题目中的已知条件让大家来判断题目所述是哪一种泵。现在我们将可能作为考题的题目捋一遍：
>
> （1）流量一般为 90～2860m³/h，扬程为 10～140mH$_2$O，用于城市给水、电站、水利工程及农田排灌的泵为（D）。
>
> （2）流量为 5～720m³/h，扬程为 100～650mH$_2$O，用于矿山、工厂和城市输送常温清水和类似液体的泵为（E）。
>
> （3）适用于消防、卸油槽车、酸碱槽车及农田排灌等启动频繁场合的泵为（G）。

(4) 流量为 $8\sim900\text{m}^3/\text{h}$，扬程为 $10\sim150\text{mH}_2\text{O}$，用于深井中抽水的泵为 (H)。

(5) 城镇、工矿、农垦、牧场大口径提水采用的泵为 (I)。

(6) 将电动机和泵制成一体，浸入水中进行抽吸和输送水的一种泵是 (J)。

(7) 广泛应用于农田排灌、工矿企业、城市给排水和污水处理的泵为 (J)。

(8) 作为锅炉给水专业用泵，(K) 也可输送一般清水。

(9) 作为电厂的专用泵，(L) 多用于输送冷凝器内聚集的凝结水，具有较高的气蚀性能。【2013 年】

(10) 主要用于化工、橡胶、电站和冶金等行业，输送 $100\sim250℃$ 的高压热水的泵为 (M)。

(11) 离心式油泵按结构形式和使用场合可分为 (NOP)。【2011 年】

(12) 流量为 $10\sim100\text{m}^3/\text{h}$，扬程为 $40\sim1440\text{mH}_2\text{O}$，主要用于炼油厂管线冷热油的输送和油井增压等场合，特别适用于小流量、高扬程需要的泵为 (O)。

(13) 某一离心泵，泵体、泵座为一体，没有轴承箱，靠刚性联轴器将泵轴和电动机连接起来，吸入口与排出口在同一水平线上，直接与管线连接安装。主要用于炼油厂输送汽油、柴油、煤油等石油产品。该泵为 (P)。

(14) 用于输送泥浆、灰渣、矿砂、糖汁、饲料等液体介质，广泛应用于化工、矿山、冶金、城市污水处理等行业的泵为 (S)。

(15) 用于输送酸、碱、盐类等含有腐蚀性的液体，广泛应用于化工、石油化工和国防工业的泵为 (Q)。

(16) 某离心式泵，是将叶轮与电动机的转子直联成一体，浸没在被输送液体中。特别适用于输送腐蚀性、易燃易爆、剧毒、有放射性及极为贵重的液体的泵为 (R)。【2014 年】

2. 在历年考试中除了考核各类泵的特点及用途外还会对泵的结构形式进行考核。例如：

离心式锅炉给水泵是用来输送一般清水的锅炉给水专用泵，其结构形式为 (D)。

A. 单级直联式离心泵 　　　　B. 单级双吸离心泵
C. 中开式多级离心泵 　　　　D. 分段式多级离心泵【2011 年、2012 年】
E. 立式单吸分段式多级离心泵

考点 8　离心式、轴流式通风机的分类与特性

(题干) 下列关于离心式、轴流式通风机的说法，正确的是 (ABCDEFGHIJKL)。

A. 输送气体压力不大于 0.98kPa 的通风机是低压离心式通风机

B. 中压离心式通风机的输送气体压力介于 $0.98\sim2.94\text{kPa}$ 之间

C. 高压离心式通风机的输送气体压力介于 $2.94\sim14.7\text{kPa}$ 之间【2018 年】

D. 低压轴流通风机的输送气体压力不大于 0.49kPa

E. 高压轴流通风机的输送气体压力介于 0.49~4.9kPa 之间

F. 离心式通风机的型号由名称、型号、机号、传动方式、旋转方式、出风口位置六部分组成【2011 年、2017 年】

G. 轴流式通风机的型号由名称、型号、机号、传动方式、气流风向、出风口位置六部分组成

H. 离心通风机一般常用于小流量、高压力的场所，且几乎均选用交流电动机拖动，并根据使用要求选用不同类型的电动机

I. 轴流式通风机产生的压力较低，且一般情况下多采用单级，其输出风压小于或等于 490Pa

J. 与离心式通风机相比，轴流式通风机具有流量大、风压低、体积小的特点

K. 轴流式通风机的使用范围和经济性能均比离心式通风机好

L. 轴流通风机的动叶或导叶常做成可调节的【2014 年】

> **细说考点**
>
> 1. 选项 A~E 是关于离心式、轴流式通风机输气压力的内容，注意记忆数值部分。
>
> 2. 离心式通风机和轴流式通风机的型号名称都是由六部分组成，只有旋转方式与气流风向不同，其余五项均一样，因此只要区分这两点就可以了。
>
> 3. 选项 H~L 是关于性能的相关内容，在这里进行考核的可能性是很大的，应注意掌握。

考点 9　风机试运转

(题干) 风机安装完毕后需进行试运转，风机试运转时应符合的要求为（ABCDEFGH）。

A. 风机运转时，以电动机带动的风机均应经一次启动立即停止运转的试验，并检查转子与机壳等确无摩擦和不正常声响后，方可继续运转【2015 年、2016 年、2019 年】

B. 风机起动后，不得在临界转速附近停留【2015 年、2016 年】

C. 风机起动时，润滑油的温度一般不应低于 25℃，运转中轴承的进油温度一般不应高于 40℃【2019 年】

D. 风机停止转动后，应待轴承回油温度降到小于 45℃后，再停止油泵工作【2015 年】

E. 有起动油泵的机组，应在风机起动前开动起动油泵，待主油泵供油正常后才能停止起动油泵

F. 风机运转达额定转速后，应将风机调理到最小负荷进行机械运转

G. 高位油箱的安装高度，以轴承中分面为基准面，距此向上不应低于 5m

H. 风机的润滑油冷却系统中的冷却水压力必须低于油压【2015 年、2016 年、2019 年】

> **细说考点**
>
> 1. A 选项可这样设置干扰项：以电动机带动的风机经一次启动后即可直接进入运转。
> 2. B 选项可这样设置干扰项：风机启动后应在临界转速附近停留一段时间，以检查风机的状况。
> 3. C 选项中的"25℃"、"40℃"会与 D 选项中的"45℃"互相设置为干扰项。
> 4. F、G 选项应重点掌握"最小"、"轴承中分面"、"5m"等关键字。
> 5. H 选项如要设置干扰选项可将"低于油压"改为"高于油压"。

考点10 活塞式与透平式压缩机的性能

（题干）与活塞式压缩机相比，透平式压缩机的主要性能特点有（**BDGHJ**）。

A. 气流速度低、损失小、效率高【2015年、2018年】

B. 气流速度高，损失大【2014年】

C. 压力范围广，从低压到超高压范围均适用

D. 小流量，超高压范围不适用【2014年】

E. 适用性强

F. 除超高压压缩机，机组零部件多用普通金属材料

G. 流量和出口压力变化由性能曲线决定，若出口压力过高，机组则进入喘振工况而无法运行

H. 旋转零部件常用高强度合金钢

I. 外形尺寸及重量较大，结构复杂，易损件多，排气脉动性大，气体中常混有润滑油【2018年】

J. 外形尺寸及重量较小，结构简单，易损件少，排气均匀无脉动，气体中不含油【2014年】

> **细说考点**
>
> 1. 本考点较简单，考核的就是活塞式压缩机与透平式压缩机的主要性能特点，两者的很多性能都是相反的，可以对比记忆。
> 2. 选项 ACEFI 为活塞式压缩机的主要性能特点。

考点11 机械设备安装工程计量

（题干）依据《通用安装工程工程量计算规范》GB 50856—2013，在安装工程计量中以"台"为计量单位的有（**ABCDEFGHPQRSTUVWXYZ**）。

A. 斗式提升机

B. 刮板输送机

C. 板式（裙式）输送机

D. 螺旋输送机

E. 悬挂式输送机

F. 固定式胶带输送机

G. 卸矿车及皮带杆

H. 交流半自动电梯

I. 交流自动电梯及直流自动快速电梯、直流自动高速电梯、小型杂物电梯

J. 电梯增减厅门、轿厢安装

K. 电梯金属门套

L. 电梯增减提升高度

M. 直流电梯发电机组安装

N. 角钢牛腿制作与安装

O. 电梯机器钢板底座制作

P. 单级离心式泵及离心式耐腐蚀泵、多级离心泵、锅炉给水泵、冷凝水泵、热循环水泵

Q. 离心式袖泵、离心式杂质泵、离心式深井泵、DB型高硅铁离心泵、蒸汽离心泵、旋涡泵

R. 电动往复泵、高压柱塞泵、高压高速柱塞泵、蒸汽往复泵、计量泵、螺杆泵及齿轮袖泵、真空泵、屏蔽泵

S. 泵拆装检查

T. 离心式通（引）风机、轴流通风机、回转式鼓风机、离心式鼓风机、离心式鼓风机

U. 风机拆装检查

V. 压缩机

W. 工业炉设备

X. 废热锅炉、废热锅炉竖管、除滴器、旋涡除尘器、除灰水封、隔离水封

Y. 总管沉灰箱、总管清理水封、钟罩阀、盘阀

Z. 焦油分离机

细说考点

1. 关于计量单位每年都会考到，这部分内容其实就是考大家一个记忆能力。但是为什么好多人还是拿不到分数呢，这一考点难就难在内容太多，不好记忆，这里给大家一个建议，可以记忆那些比较少的、特殊的计量单位，剩下的熟读几遍有个大概印象，在考试的时候采用排除法作答。

2. 本考点还可能作为考题的题目有：

(1) 依据《通用安装工程工程量计算规范》GB 50856—2013，在安装工程计量中以"部"为计量单位的有（I）。

(2) 依据《通用安装工程工程量计算规范》GB 50856—2013，在安装工程计量

中以"个"为计量单位的有（J）。

（3）依据《通用安装工程工程量计算规范》GB 50856—2013，在安装工程计量中以"m"为计量单位的有（L）。

（4）依据《通用安装工程工程量计算规范》GB 50856—2013，在安装工程计量中以"套"为计量单位的有（K）。

（5）依据《通用安装工程工程量计算规范》GB 50856—2013，在安装工程计量中以"组"为计量单位的有（M）。

（6）依据《通用安装工程工程量计算规范》GB 50856—2013，在安装工程计量中以"个"为计量单位的有（N）。

（7）依据《通用安装工程工程量计算规范》GB 50856—2013，在安装工程计量中以"座"为计量单位的有（O）。

考点12　锅炉的主要性能指标

（题干） 表明锅炉热经济性的指标是（E）。

A. 蒸发量

B. 压力和温度

C. 受热面蒸发率【2014年、2017年】

D. 受热面发热率【2014年、2017年】

E. 热效率【2012年、2013年】

细说考点

1. 注意：衡量锅炉热经济性的指标，除了热效率外，还可用煤气比来表示。这一采分点在2011年的考试中曾这样考核过：

锅炉热效率是表明锅炉热经济性的指标，对蒸汽锅炉而言，其热经济性也可以用（C）。

A. 蒸汽量表示　　　　　　　　B. 压力和温度表示

C. 煤气比表示　　　　　　　　D. 受热面蒸发率表示

2. 本考点还可能会作为考题的题目有：

（1）锅炉的主要性能指标包括（ABCDE）。

（2）反映热水锅炉工作强度的指标是（D）。【2014年、2017年】

考点13　工业锅炉本体安装

（题干） 下列关于工业锅炉本体安装的说法中，正确的是（ABCDEFGHIJK）。

A. 锅筒内部装置的安装，应在水压试验合格后进行【2016年】

B. 硬度大于或等于锅筒管孔壁的胀接管子的管端应进行退火，退火宜用红外线退火炉或铅浴法进行

C. 对流管束胀接工作完成后，应进行水压试验

D. 水冷壁和对流管束管子一端为焊接、另一端为胀接时，应先焊后胀，并且管子上全部附件应在水压试验之前焊接完毕【2016年】

E. 省煤器安装时，要严格注意管排侧面、管端与护墙之间的间隙

F. 铸铁省煤器安装前，应逐根（或组）进行水压试验

G. 预热器上方无膨胀节时，应留出适当的膨胀间隙

H. 在空气预热器温度高于100℃区域内的螺栓、螺母上应涂上二硫化钼油脂、石墨机油或石墨粉

I. 对流过热器大都垂直悬挂于锅炉尾部，辐射过热器多半装于锅炉的炉顶部或包覆于炉墙内壁上【2014年】

J. 炉排安装前要进行炉外冷态试运转，链条炉排试运转时间不应少于8h；往复炉排试运转时间不应少于4h，试运转速度不少于两级

K. 炉排安装顺序按炉排型式而定，一般是自下而上的顺序安装

> **细说考点**
>
> 本考点的内容较多，考核的比较零散，为了方便大家学习我们特将重要的内容进行汇总并以判断说法正确与否的方式列出，大家应注意掌握。

考点14　锅炉安全附件的安装

（题干）下列关于锅炉安全附件安装的说法中，正确的是（ABCDEFGHIJKLMNO）。

A. 压力表安装时压力测点应选在管道的直线段介质流束稳定的地方

B. 测量低压的压力表或变送器的安装高度宜与取压点的高度一致

C. 测量高压的压力表安装在操作岗位附近时，宜距地面1.8m以上，或在仪表正面加护罩

D. 水位计用于指示锅炉内水位的高低

E. 常用的水位计有玻璃管式、平板式、双色、磁翻柱液位计以及远程水位显示装置

F. 蒸发量大于0.2t/h的锅炉，每台锅炉应安装两个彼此独立的水位计【2013年、2019年】

G. 水位计距操作地面高于6m时，应加装远程水位显示装置【2019年】

H. 水位计和锅筒（锅壳）之间的汽-水连接管其内径不得小于18mm，连接管的长度要小于500mm【2019年】

I. 水位计与汽包之间的汽-水连接管上不能安装阀门，更不得装设球阀【2019年】

J. 中、低压锅炉常用的安全阀主要有弹簧式和杠杆式【2011年】

K. 蒸汽锅炉的安全阀安装前应逐个进行严密性试验

L. 蒸发量大于0.5t/h的蒸汽锅炉，至少应装设两个安全阀【2017年】

M. 蒸汽锅炉安全阀应铅垂安装【2017年】

N. 省煤器的安全阀应装排水管，在排水管、排气管和疏水管上不得装设阀门

O. 省煤器安全阀整定压力调整应在蒸汽严密性试验前用水压的方法进行

> **细说考点**
>
> 1. 选项 A~C 是关于压力表安装的内容，注意 C 选项可能会在"1.8m"处设置干扰项。
>
> 2. 选项 D~I 是关于水位计安装的内容，这一采分点考核的较多。选项 F 要注意"大于 0.2t/h"、"两个"、"彼此独立"等关键字眼。选项 H 会在"18mm"、"500mm"处设置干扰项。
>
> 3. 选项 J~O 是关于蒸汽锅炉安全阀安装的内容，同样考核的较多，应重点掌握。

考点 15 锅炉煮炉

（题干）下列关于锅炉煮炉相关事项的说法中，正确的是（ABCDEFG）。

A. 煮炉的目的是为了除掉锅炉中的油污和铁锈

B. 可以用来煮炉的药品有氢氧化钠、碳酸钠、磷酸三钠【2012年】

C. 煮炉加药时，炉水应处于低水位

D. 煮炉时间通常为 48~72h

E. 煮炉的最后 24h 宜使蒸汽压力保持在额定工作压力的 75%

F. 当炉水的碱度低于 45mmol/L 时，应补充加药

G. 煮炉结束后，应交替进行上水和排污

> **细说考点**
>
> 1. C 选项针对"低水位"可能设置的干扰项是"高水位"；D 选项中可能会在"48~72h"处设置干扰项；E 选项可能会在"24h"、"75%"处设置干扰项；F 选项可能会在"45mmol/L"处设置干扰项。
>
> 2. 本考点内容较为简单，难度也不大，大家只要把握住易错的关键点，即可得分。

考点 16 锅炉除尘设备

（题干）某除尘设备适合处理烟气量大和含尘浓度高的场合，且可以单独采用，也可以安装在文丘里洗涤器后作脱水器用。此除尘设备为（C）。

A. 旋风除尘器【2015年、2018年】　　B. 麻石水膜除尘器

C. 旋风水膜除尘器【2017年、2019年】　　D. 静电除尘器

E. 袋式除尘器

细说考点

本考点还可能作为考题的题目有：

(1) 工业锅炉烟气净化中应用最广泛的除尘设备是（A）。

(2) 某锅炉除尘设备结构简单、处理烟气量大，没有运动部件、造价低、维护管理方便，除尘效率一般可达85%左右，该除尘设备是（A）。【2018年】

(3) 某锅炉除尘设备耐酸、防腐、耐磨，使用寿命长，除尘效率可以达到98%以上，该除尘设备是（B）。

考点17 热力设备安装工程计量

（题干）根据《通用安装工程工程量计算规范》GB 50856—2013，热力设备安装工程计量中，以"t"为计量单位的有（AEKXF1I1）。

A. 中压锅炉锅炉架、水冷系统、过热系统、省煤器、本体管路系统、锅炉本体结构、锅炉本体平台扶梯、除渣装置

B. 中压锅炉汽包

C. 中压锅炉回转式空气预热器

D. 中压锅炉管式空气预热器

E. 中压锅炉旋风分离器

F. 中压锅炉炉排及燃烧装置【2016年】

G. 中压锅炉清洗及试验

H. 中压锅炉送、引风机

I. 中压锅炉除尘器

J. 中压锅炉磨煤机、给煤机、叶轮给粉机、螺旋输粉机

K. 中压锅炉烟道、热风道、冷风道、制粉管道、送粉管道、原煤管道【2013年、2019年】

L. 中压锅炉扩容器、消音器

M. 中压锅炉暖风器【2017年】

N. 中压锅炉测粉装置

O. 中压锅炉煤粉分离器【2017年】

P. 中压锅炉敷管式及膜式水冷壁炉墙和框架式炉墙砌筑、循环流化床锅炉旋风分离器内衬砌筑、炉墙耐火砖砌筑

Q. 汽轮机、发电机、励磁机

R. 汽轮发电机空负荷试运行

S. 抓斗、斗链式卸煤机

T. 反击式碎煤机、锤击式破碎机、筛分设备

U. 皮带机、配仓皮带机【2014年】

V. 输煤转运站落煤设备【2014年】

W. 捞渣机、碎渣机、水力喷射器、箱式冲灰器

X. 水力冲渣设备的渣仓【2013年】

Y. 负压风机、灰斗气化风机、布袋收尘器、袋式排气过滤器

Z. 反渗透处理系统、凝聚澄清过滤系统

A1. 机械过滤系统、除盐加混床设备

B1. 除二氧化碳和离子交换设备

C1. 凝结水处理系统设备

D1. 循环水处理及加药设备

E1. 给水、炉水校正处理设备

F1. 脱硫设备石粉仓、吸收塔【2013年、2018年】

G1. 脱硫附属机械及辅助设备

H1. 低压成套整装锅炉

I1. 低压散装和组装锅炉

J1. 低压锅炉的除尘器、水处理设备、换热器、输煤设备、除渣机、齿轮式破碎机

K1. 皮带秤、机械采样装置及除木器

> **细说考点**
>
> 本考点还可能考核的题目有:
> (1) 根据《通用安装工程工程量计算规范》GB 50856—2013，热力设备安装工程计量中，以"台"为计量单位的有 (BCDGHIJLQRSTUWYA1H1I1J1K1)。
> (2) 根据《通用安装工程工程量计算规范》GB 50856—2013，热力设备安装工程计量中，以"套"为计量单位的有 (FNVZB1C1D1E1G1)。
> (3) 根据《通用安装工程工程量计算规范》GB 50856—2013，热力设备安装工程计量中，以"只"为计量单位的有 (MO)。
> (4) 根据《通用安装工程工程量计算规范》GB 50856—2013，热力设备安装工程计量中，以"m"为计量单位的有 (U)。
> (5) 根据《通用安装工程工程量计算规范》GB 50856—2013，热力设备安装工程计量中，以"m^3"为计量单位的有 (P)。
> 1. 注意：皮带机、配仓皮带机，有两个计量单位 (台或 m)；低压散装和组装锅炉，有两个计量单位 (台或 t)。

考点18 消防水泵接合器

(题干) 下列关于消防水泵接合器的说法中，正确的是 (ABCDEF)。

A. 消防给水为竖向分区供水时，在消防车供水压力范围内的分区，应分别设置水泵接合器【2017年】

B. 消防水泵接合器应设在室外便于消防车使用的地点，且距室外消火栓或消防水池的

距离不宜小于15m，并不宜大于40m

C. 组装式消防水泵接合器的安装，应按接口、本体、联接管、止回阀、安全阀、放空管、控制阀的顺序进行

D. 消防水泵接合器的作用是火灾发生时消防车通过水泵接合器向室内管网供水灭火【2016年】

E. 当无设计要求时，墙壁消防水泵接合的安装高度距地面宜为0.7m，与墙面上的门、窗、孔、洞的净距离不应小于2.0m，且不应安装在玻璃幕墙下方

F. 地下消防水泵接合器的安装，应使进水口与井盖底面的距离不大于0.4m，且不应小于井盖的半径

> **细说考点**
>
> 1. 注意B、E、F选项的数字部分，可能会在此处设置干扰项。
> 2. 关于消防水泵接合器还需要掌握其使用范围。下列场所的室内消火栓给水系统应设置消防水泵接合器：
> (1) 高层民用建筑；【2017年】
> (2) 设有消防给水的住宅、超过五层的其他多层民用建筑；
> (3) 超过2层或建筑面积大于10000m²的地下或半地下建筑、室内消火栓设计流量大于10L/s平战结合的人防工程；【2017年】
> (4) 高层工业建筑和超过四层的多层工业建筑；【2017年】
> (5) 城市交通隧道。

考点19 室内消火栓系统安装

（题干）下列关于室内消火栓系统安装事项的说法中，正确的是（ABCDEFGHIJKLM）。

A. 室内消火栓系统管网应布置成环状，当室外消火栓设计流量不大于20L/s，且室内消火栓不超过10个时，可布置成枝状

B. 当生产、生活用水量达到最大，且市政给水管道仍能满足室内外消防用水量时，室内消防泵进水管宜直接从市政管道取水

C. 室内消火栓给水管网与自动喷水灭火设备的管网应分开设置，如有困难应在报警阀前分开设置

D. 高层建筑的消防给水应采用高压或临时高压给水系统，与生活、生产给水系统分开独立设置

E. 常高压给水系统的建筑物，如能保证最不利点消火栓和自动喷水灭火系统的水量和水压时，可不设消防水箱

F. 临时高压给水系统的建筑物，应设消防水箱、气压罐或水塔

G. 高层建筑采用高压给水系统时，可不设高位消防水箱；采用临时高压给水系统时，应设高位消防水箱

59

H. 当建筑高度不超过 100m 时，最不利点消火栓静水压力不应低于 0.07MPa；当建筑高度超过 100m 时，不应低于 0.15MPa【2013 年】

I. 当设计无要求时，消防水泵的出水管上应安装止回阀和压力表

J. 当设计无要求时，消防水泵泵组的总出水管上应安装压力表和泄压阀

K. 室内消火栓给水管道，管径不大于 100mm 时，宜用热镀锌钢管或热镀锌无缝钢管，管道连接宜采用螺纹连接、卡箍（沟槽式）管接头或法兰连接

L. 室内消火栓给水管道，管径大于 100mm 时，采用焊接钢管或无缝钢管，管道连接宜采用焊接或法兰连接

M. 消火栓系统的无缝钢管采用法兰连接，在保证镀锌加工尺寸要求的前提下，其管配件及短管连接采用焊接连接【2011 年】

细说考点

1. 关于 A 选项，注意一个问题，室内消火栓系统管网布置成枝状需同时满足两个条件：(1) 消火栓设计流量不大于 20L/s；(2) 消火栓不超过 10 个。【2018 年】

2. B~G 的每一个选项都是一个采分点，都可以独立进行考核，一定要牢记。

3. H 选项曾在 2013 年一道单项选择题，题目是这样的：

某建筑物高度为 120m，采用临时高压给水系统时，应设高位消防水箱，水箱的设置高度应保证最不利点消火栓静压力不低于（C）。

A. 0.07MPa　　　　　　　　B. 0.10MPa
C. 0.15MPa　　　　　　　　D. 0.20MPa

大家看过 H 选项后应该就知道这样题目应该选择 C。

4. 选项 K、L 是管道连接方式的内容，可对比记忆：

管径≤100	热镀锌钢管或热镀锌无缝钢管	螺纹连接、卡箍（沟槽式）管接头或法兰连接
管径＞100	焊接钢管或无缝钢管	焊接或法兰连接

考点 20　自动喷水灭火系统特点及适用范围

（题干）适用于不允许有水渍损失的建筑物、构筑物的自动喷水灭火系统是（D）。

A. 自动喷水湿式灭火系统【2016 年】

B. 自动喷水干式灭火系统【2017 年】

C. 自动喷水干湿两用灭火系统【2013 年】

D. 自动喷水预作用系统【2013 年、2015 年、2016 年】

E. 重复启闭预作用灭火系统

F. 自动喷水雨淋系统【2014 年】

G. 水幕系统【2018 年】

细说考点

1.首先我们从适用范围角度来学习自动喷水灭火系统的相关知识,这一采分点还可能考核的题目有:

(1)使用环境温度为4~70℃,不适应于寒冷地区的自动喷水灭火系统是(A)。

(2)下列自动喷水灭火系统中,适用于环境温度低于4℃且采用闭式喷头的是(B)。【2017年】

2.除了适用范围还有一个重要的知识点就是各灭火系统的特性,这一采分点可能考核的题目有:

(1)某自动喷水灭火系统,适用于高于70℃的地方,但需设置压缩机及附属设备,投资较大。该自动喷水灭火系统是(B)。

(2)某自动喷水灭火系统,具有多次自动启动和自动关闭的特点,在火灾复燃后能有效扑救。该自动喷水灭火系统是(E)。

(3)可以有效控制火势发展迅猛、蔓延迅速的火灾的自动喷水灭火系统是(F)。

(4)某自动喷水灭火系统,不具备直接灭火的能力,一般情况下与防火卷帘或防火幕配合使用,起到防止火灾蔓延的作用。该自动喷水灭火系统是(G)。

3.关于自动喷水灭火系统还需要掌握下列知识:

(1)自动喷水湿式灭火系统由(闭式喷头、水流指示器、湿式自动报警阀组、控制阀及管路系统)组成。

(2)自动喷水预作用系统由(火灾探测报警系统、闭式喷头、预作用阀、充气设备和充以有压或无压气体的钢管)等组成。

(3)自动喷水雨淋系统由(开式喷头、管道系统、雨淋阀、火灾探测器和辅助设施)等组成。

(4)水幕系统由(水幕头支管、自动喷淋头控制阀、手动控制阀、干支管等组成)。

这一内容在历年考试中曾这样考核过:

①下列自动喷水灭火系统中,采用闭式喷头的有(AD)。【2016年】

A.自动喷水湿式灭火系统　　　　　　B.自动喷水干湿两用灭火系统

C.自动喷水雨淋灭火系统　　　　　　D.自动喷水预作用灭火系统

②自动喷水雨淋式灭火系统包括管道系统、雨淋阀、火灾探测器以及(C)。【2014年】

A.水流指示器　　　　　　　　　　　B.预作用阀

C.开式喷头　　　　　　　　　　　　D.闭式喷头

考点21　水喷雾灭火系统特性及适用范围

(题干)下列关于水喷雾灭火系统特性及适用范围的说法,正确的是(ABCDEFG)。

A.水喷雾灭火系统不仅能够扑灭A类固体火灾,也可用于扑灭闪点大于60℃的B类火

灾和C类电气火灾【2019年】

B.水喷雾灭火系统主要用于保护火灾危险性大，火灾扑救难度大的专用设备或设施【2016年】

C.水喷雾灭火系统具有冷却、乳化、稀释等作用，不仅可用于灭火，还可用于控制火势及防护冷却等方面【2015年】

D.水喷雾灭火系统一般适用于工业领域中的石化、交通和电力部门【2019年】

E.水喷雾灭火系统要求的水压较自动喷水系统高，水量也较大，因此在使用中受到一定的限制【2011年、2019年】

F.水喷雾灭火系统可以用来扑灭高层建筑内的柴油机发电机房和燃油锅炉房火灾【2012年】

G.水喷雾灭火系统中，适用于扑救C类火灾的喷头类型为高速水雾喷头【2013年】

> **细说考点**
>
> 大家通过对选项中标示的考核年份也可以看出，本考点考核的频率较高，每个选项都可以独立作为一道题目进行考核，因此大家一定要牢记这些内容。

考点22 喷水灭火系统管道安装

（题干）下列关于喷水灭火系统管道安装的说法，正确的是（ABCDEFGH）。

A.自动喷水灭火系统管道的安装顺序为先配水干管、后配水支管【2016年】

B.管道变径时，宜采用异径接头

C.公称直径大于50mm的管道上不宜采用活接头【2012年】

D.在管道弯头处不得采用补芯【2016年】

E.当需要采用补芯时，三通上可用1个，四通上不应超过2个【2014年】

F.管道穿过建筑物的变形缝时应设置柔性短管

G.穿过墙体或楼板时加设套管，套管长度不得小于墙体厚度或应高出楼面或地面50mm【2016年】

H.管道横向安装宜设2‰～5‰的坡度，坡向排水管【2016年】

> **细说考点**
>
> 1.如果将A选项设置为错误选项的话，可能会这样设置：自动喷水灭火系统管道的安装顺序为先配水支管，后配水干管。
>
> 2.如果将B选项设置为错误选项的话，可能会这样设置：管道变径时，可采用摔制大小头。
>
> 3.对于C选项中的"活接头"，可这样设置干扰项："补芯"、"异径接头"、"法兰"。
>
> 4.D选项可以这样设置干扰项：在管道弯头处可以采用补芯。
>
> 5.选项G、H可能会在数字部分设置干扰项。

考点 23　气体灭火系统的特性及适用范围

（题干） 加油站、档案库、文物资料室、图书馆的珍藏室发生火灾时应选用的气体灭火系统是（A）。

A. 二氧化碳灭火系统
B. 七氟丙烷灭火系统
C. IG541 混合气体灭火系统【2017 年、2018 年】
D. 热气溶胶预制灭火系统

细说考点

在气体灭火系统的特性及适用范围方面还可能作为考试的题目有：

1. 主要用于扑救甲、乙、丙类（甲类闪点小于 28℃，乙类闪点大于或等于 28℃ 至小于 60℃，丙类大于或等于 60℃）液体火灾，某些气体火灾、固体表面和电器设备火灾的气体灭火系统是（A）。

二氧化碳灭火系统的适用范围是：

适用场所及情形	不适用场所及情形
（1）油浸变压器室、装有可燃油的高压电容器室、多油开关及发电机房等； （2）电信、广播电视大楼的精密仪器室及贵重设备室、大中型电子计算机房等； （3）加油站、档案库、文物资料室、图书馆的珍藏室等； （4）大、中型船舶货舱及油轮油舱等	不适用于扑救活泼金属及其氢化物的火灾（如锂、钠、镁、铝、氢化钠等）、自己能供氧的化学物品火灾（如硝化纤维和火药等）、能自行分解和供氧的化学物品火灾（如过氧化氢等）

2. 具有效能高、速度快、环境效应好、不污染被保护对象、安全性强等特点的气体灭火系统是（B）。

七氟丙烷灭火系统的适用范围是：

适用场所及情形	不适用场所及情形
适用于有人工作的场所	不可用于下列物质的火灾： （1）氧化剂的化学制品及混合物（如硝化纤维、硝酸钠）； （2）活泼金属（如钾、钠、镁、铝、铀）； （3）金属氧化物（如氧化钾、氧化钠）； （4）能自行分解的化学物质（如过氧化氢、联胺）

3. 系统由火灾探测器、报警器、自控装置、灭火装置及管网、喷嘴等组成，适用于经常有人工作场所且不会对大气层产生影响。该气体灭火系统是（C）。【2017 年】

IG541 混合气体灭火系统的适用范围是：

适用场所及情形	不适用场所及情形
适用于电子计算机房、通信机房、配电房、油浸变压器、自备发电机房、图书馆、档案室、博物馆及票据、文物资料库等经常有人工作的场所	不可用于扑救 D 类活泼金属火灾

4.（1）某气体灭火系统，从生产到使用过程中无毒、无公害、无污染、无腐蚀、无残留。不破坏臭氧层，无温室效应，符合绿色环保要求。该气体灭火系统是（D）。

（2）计算机房、通信机房、变配电室、发电机房、图书室、档案室、丙类可燃液体等场所适用选用的气体灭火系统是（D）。

考点 24　泡沫灭火系统的分类及适用范围

（题干）绝热性能好、无毒、能消烟、能排除有毒气体，灭火剂用量和水用量少，水渍损失小，灭火后泡沫易清除，但不能扑救立式油罐内火灾的泡沫灭火系统为（C）。

A. 低倍数泡沫灭火系统【2018 年】　　B. 中倍数泡沫灭火系统【2017 年】
C. 高倍数泡沫灭火系统【2015 年】　　D. 固定式泡沫灭火系统
E. 半固定式泡沫灭火系统　　　　　　F. 移动式泡沫灭火系统

细说考点

1. 对于本考点首先要明确泡沫灭火系统的分类。
（1）泡沫灭火系统按发泡倍数可分为（ABC）。
（2）泡沫灭火系统按设备安装使用方式可分为（DEF）。

2. 选项 A、B、C 的内容较为相近，我们就用表格的形式为大家列出需掌握的重点内容。

类型	发泡倍数	适用场所及情形	不适用场所及情形
低倍数泡沫灭火系统	小于 20 倍	主要用于扑救原油、汽油、煤油、柴油、甲醇、丙酮等 B 类的火灾，适用于炼油厂、化工厂、油田、油库、为铁路油槽车装卸油的鹤管枝桥、码头、飞机库、机场等	不宜扑灭流动着的可燃液体或气体火灾
中倍数泡沫灭火系统	21~200 倍	一般用于控制或扑灭易燃、可燃液体、固体表面火灾及固体深位阴燃火灾。能扑救立式钢制贮油罐内火灾【2017 年】	

类型	发泡倍数	适用场所及情形	不适用场所及情形
高倍数泡沫灭火系统	201~1000倍	一般可设置在固体物资仓库、易燃液体仓库、有贵重仪器设备和物品的建筑、地下建筑工程、有火灾危险的工业厂房等	不能用于扑救立式油罐内的火灾、未封闭的带电设备及在无空气的环境中仍能迅速氧化的强氧化剂和化学物质的火灾

3. 还可能考核的题目有:

(1) 适用于具有较强的机动消防设施的甲、乙、丙类液体的贮罐区或单罐容量较大的场所及石油化工生产装置区内易发生火灾的局部场所的泡沫灭火系统是 (E)。

(2) 当发生火灾时,所有移动设施进入现场通过管道、水带连接组成的泡沫灭火系统是 (F)。

4. 对于泡沫灭火系统还应当掌握泡沫喷射方式的内容。泡沫喷射方式包括液上、液下两种,其适用范围是不同的:

(1) 液上喷射泡沫灭火系统适用于 (固定顶、外浮顶和内浮顶) 三种储罐。【2017年】

(2) 液下喷射泡沫灭火系统适用于 (固定拱顶贮罐),不适用于 (外浮顶和内浮顶储罐,水溶性甲、乙、丙液体固定顶储罐的灭火)。【2012年】

5. 下面我们来看一道典型题目:

扑救立式钢制内浮顶式贮油罐内的火灾,应选用的泡沫灭火系统及其喷射方式为 (A)。【2017年】

A. 中倍数泡沫灭火系统,液上喷射方式
B. 中倍数泡沫灭火系统,液下喷射方式
C. 高倍数泡沫灭火系统,液上喷射方式
D. 高倍数泡沫灭火系统,液下喷射方式

这道题目很好地将使用范围与喷射方式结合起来进行了考核,这也是未来考试的发展趋势,大家应予以重视。

考点25 固定消防炮灭火系统

(题干)关于固定消防炮灭火系统的说法中,正确的是 (ABCDEFGHIJKLMNO)。

A. 固定消防炮灭火系统按喷射介质可分为水炮系统、泡沫炮系统和干粉炮系统
B. 固定消防炮灭火系统按控制装置分为远控消防炮灭火系统和手动消防炮灭火系统
C. 泡沫炮系统适用于甲、乙、丙类液体、固体可燃物火灾现场
D. 干粉炮系统适用于液化石油气、天然气等可燃气体火灾现场

E. 水炮系统适用于一般固体可燃物火灾现场

F. 水炮系统和泡沫炮系统不得用于扑救遇水发生化学反应而引起燃烧、爆炸等物质的火灾

G. 有爆炸危险性的场所宜选用远控炮系统【2017年】

H. 有大量有毒气体产生的场所宜选用远控炮系统

I. 燃烧猛烈、产生强烈辐射热的场所宜选用远控炮系统

J. 火灾蔓延面积较大且损失严重的场所宜选用远控炮系统

K. 高度超过8m且火灾危险性较大的室内场所宜选用远控炮系统

L. 发生火灾时灭火人员难以及时接近或撤离固定消防炮位的场所宜选用远控炮系统

M. 室内消防炮的布置数量不应少于两门【2017年】

N. 消防炮应设置在被保护场所常年主导风向的上风方向【2017年】

O. 当灭火对象高度较高、面积较大时,或在消防炮的射流受到较高大障碍物的阻挡时,应设置消防炮塔【2017年】

> **细说考点**
> 1. 选项A、B是关于固定消防炮灭火系统分类的内容,在设置选项时,可互为干扰项。
> 2. C~L选项是关于适用范围的知识,大家一定要记住。
> 3. M~O选项是关于消防炮设置的知识,可以会以单项选择题的形式进行考核。

考点26 消防工程计量

(题干)依据《通用安装工程工程量计算规范》GB 50856—2013,消防工程工程量计量时,按"组"计算的有 (CE)。

A. 水喷淋、消火栓铜管

B. 水喷淋(雾)喷头

C. 报警装置、温感式水幕装置【2016年】

D. 水流指示器

E. 末端试水装置【2016年】

F. 集热板制作安装

G. 室内、外消火栓

H. 消防水泵接合器

I. 灭火器

J. 消防水炮

K. 无缝钢管、不锈钢管

L. 不锈钢管管件

M. 气体驱动装置管道

N. 选择阀、气体喷头

O. 贮存装置、称重检漏装置、无管网气体灭火装置

P. 碳钢管、不锈钢管、铜管

Q. 不锈钢管管件、铜管管件

R. 泡沫发生器、泡沫比例混合器、泡沫液贮罐

S. 点型探测器、按钮、消防警铃、声光报警器、消防报警电话插孔（电话）、消防广播（扬声器）、模块（模块箱）

T. 区域报警控制箱、联动控制箱、远程控制箱（柜）、火灾报警系统控制主机、联动控制主机

U. 消防广播及对讲电话主机（柜）、火灾报警控制微机（CRT）、备用电源及电池主机（柜）、报警联动一体机

V. 线型探测器

W. 自动报警系统调试

X. 防火控制装置

细说考点

1. 关于计量单位还可能作为考题的题目有：

（1）（题干）依据《通用安装工程工程量计算规范》GB 50856—2013，消防工程工程量计量时，按"m"计算的有（AKMPV）。

（2）（题干）依据《通用安装工程工程量计算规范》GB 50856—2013，消防工程工程量计量时，按"个"计算的有（BDFLNQSTUX）。

（3）（题干）依据《通用安装工程工程量计算规范》GB 50856—2013，消防工程工程量计量时，按"套"计算的有（GHO）。

（4）（题干）依据《通用安装工程工程量计算规范》GB 50856—2013，消防工程工程量计量时，按"具"计算的有（I）。

（5）（题干）依据《通用安装工程工程量计算规范》GB 50856—2013，消防工程工程量计量时，按"台"计算的有（JR）。

（6）（题干）依据《通用安装工程工程量计算规范》GB 50856—2013，消防工程工程量计量时，按"系统"计算的有（W）。

2. 在历年考试中除了对计量单位进行考核外，还会对工程量内容进行考核，下面我们将有关内容列于下表，方便大家学习：

类别	工程量内容
湿式报警装置	湿式阀、蝶阀、装配管、供水压力表、装置压力表、试验阀、泄放试验阀、泄放试验管、试验管流量计、过滤器、延时器、水力警铃、报警截止阀、漏斗、压力开关等【2014年】
干湿两用报警装置	两用阀、蝶阀、装配管、加速器、加速器压力表、供水压力表、试验阀、泄放试验阀（湿式或干式）、挠性接头、泄放试验管、试验管流量计、排气阀、截止阀、漏斗、过滤器、延时器、水力警铃、压力开关等【2019年】

续表

类别	工程量内容
电动雨淋报警装置	雨淋阀、蝶阀、装配管、压力表、泄放试验阀、流量表、截止阀、注水阀、止回阀、电磁阀、排水阀、手动应急球阀、报警试验阀、漏斗、压力开关、过滤器、水力警铃等
预作用报警装置	报警阀、控制蝶阀、压力表、流量表、截止阀、排放阀、注水阀、止回阀、泄放阀、报警试验阀、液压切断阀、装配管、供水检验管、气压开关、试压电磁阀、空压机、应急于动试压器、漏斗、过滤器、水力警铃等
温感式水幕装	给水三通至喷头、阀门间的管道、管件、阀门、喷头等
末端试水装置	压力表、控制阀等附件【2013年】
室内消火栓	消火栓箱、消火栓、水枪、水龙头、水龙带接扣、自救卷盘、挂架、消防按钮、落地消火栓箱
消防水泵接合器	法兰接管及弯头安装，接合器井内阀门、弯管底座、标牌等附件
贮存装置	灭火剂存储器、驱动气瓶、支框架、集流阀、容器阀、单向阀、高压软管和安全阀等贮存装置和阀驱动装置、减压装置、压力指示仪等【2015年】
无管网气体灭火装置	气瓶柜装置（内设气瓶、电磁阀、喷头）和自动报警控制装置等
自动报警系统调试	各种探测器、报警器、报警按钮、报警控制器、消防广播、消防电话等组成的报警系统
防火控制装置	电动防火门、防火卷帘门、正压送风阀、排烟阀、防火控制阀、消防电梯等【2014年、2015年】

考点27 常用电光源及其特性

（题干）具有发光效率高，显色性好，紫外线向外辐射少等特点，主要用在要求高照度的场所、繁华街道及要求显色性好的大面积照明地方的电光源是（F）。

A. 白炽灯

B. 荧光灯【2019年】

C. 卤钨灯

D. 高压水银灯

E. 高压钠灯【2018年】

F. 金属卤化物灯

G. 氙灯【2016年】

H. 低压钠灯【2013年、2014年、2015年】

I. 发光二极管（LED）【2012年】

细说考点

对于本考点常采用的考核形式是：给出某一电光源的特性，给出几个备选项，让大家选出题干所述的是哪种电光源。其实这样的问法难度不大，只要记住每个电光源的特性，哪怕是一个，都有可能答对题目。仿照以上问法，还可能考核的题目有：

(1) 某电光源的结构简单，使用方便，显色性好，发光效率低，平均寿命约为1000h，受到振动容易损坏。该电光源是（A）。

(2) 经常用在道路、广场和施工现场的照明中的电光源是（D）。

(3) 具有发光效率高、耗电少、寿命长、透雾能力强和不诱虫等优点，广泛应用于道路、高速公路、机场、码头、车站、广场、工矿企业、公园、庭院照明及植物栽培的电光源是（E）。

(4) 某光源在工作中辐射的紫外线较多，产生很强的白光，有"小太阳"美称。这种光源是（G）。【2016年】

(5) 某光源发光效率达200lm/W，是电光源中光效最高的一种光源，寿命也最长，具有不眩目特点，是太阳能路灯照明系统的最佳光源。这种电光源是（H）。【2013年、2014年、2015年】

(6) 是电致发光的固体半导体高亮度点光源，具有寿命长、耐冲击和防振动、无紫外和红外辐射、低电压下工作安全等特点电光源是（I）。【2012年】

考点28 灯器具安装

（题干）根据《建筑电气工程施工质量验收规范》GB 50303—2015，下列关于灯器具安装一般规定的说法，正确的是（ABCDEFGH）。

A. 软线吊灯的软线两端应做保护扣，两端线芯应搪锡

B. 引向单个灯具的绝缘导线截面积应与灯具功率相匹配，绝缘铜芯导线的线芯截面积不应小于$1mm^2$

C. 除敞开式灯具外，其他各类容量在100W及以上的灯具，引入线应采用瓷管、矿棉等不燃材料作隔热保护

D. 高低压配电设备、裸母线及电梯曳引机的正上方不应安装灯具

E. 露天安装的灯具应有泄水孔，且泄水孔应设置在灯具腔体的底部

F. 质量大于10kg的灯具，固定装置及悬吊装置应按灯具重量的5倍恒定均布荷载做强度试验，且持续时间不得少于15min

G. 普通灯具、专用灯具的Ⅰ类灯具外露可导电部分必须采用铜芯软导线与保护导体可

靠连接

H.除采用安全电压以外,当设计无要求时,敞开式灯具的灯头对地面距离应大于2.5m

> **细说考点**
>
> 1.以上题干是关于灯器具安装一般规定的内容,大家应着重记忆数字部分的内容。
>
> 2.灯器具安装除了一般规定外还会涉及常用灯具及专业灯具的安装要求,下面将其相关内容列于下表:

项 目		内 容
常用灯具	悬吊式灯具	(1) 带升降器的软线吊灯在吊线展开后,灯具下沿应高于工作台面0.3m。【2017年】 (2) 质量大于0.5kg的软线吊灯,灯具的电源线不应受力。 (3) 质量大于3kg的悬吊灯具,固定在螺栓或预埋吊钩上,螺栓或预埋吊钩的直径不应小于灯具挂销直径,且不应小于6mm。 (4) 采用钢管作灯具吊杆时,其内径不应小于10mm,壁厚不应小于1.5mm。 (5) 灯具与固定装置及灯具连接件之间采用螺纹连接的,螺纹啮合扣数不应小于5扣
	庭院灯、建筑物附属路灯	(1) 灯具与基础固定应可靠,地脚螺栓备帽应齐全;灯具接线盒应采用防护等级不小于IPX5的防水接线盒,盒盖防水密封垫应齐全、完整。 (2) 灯具的电器保护装置应齐全,规格应与灯具适配。 (3) 灯杆的检修门应采取防水措施,且闭锁防盗装置完好
	高压倒灯、金属卤化物灯	(1) 光源及附件应与镇流器、触发器和限流器配套使用,触发器与灯具本体的距离应符合产品技术文件的要求。 (2) 电源线应经接线柱连接,不应使电源线靠近灯具表面。 (3) 安装于槽盒底部的荧光灯具应紧贴槽盒底部,并应固定牢固
	LED灯具	(1) 灯具安装应牢固可靠,饰面不应使用胶类粘贴。 (2) 灯具安装位置应有较好的散热条件,且不宜安装在潮湿场所。 (3) 灯具用的金属防水接头密封圈应齐全、完好。 (4) 灯具的驱动电源、电子控制装置室外安装时,应置于金属箱(盒)内;金属箱(盒)的IP防护等级和散热应符合设计要求,驱动电源的极性标记应清晰、完整。 (5) 室外灯具配线管路应按明配管敷设,且应具备防雨功能,IP防护等级应符合设计要求

续表

项目		内　容
专用灯具	霓虹灯	（1）灯管应采用专用的绝缘支架固定，且牢固可靠。固定后的灯管与建筑物、构筑物表面的距离不宜小于20mm。 （2）霓虹灯专用变压器应为双绕组式，所供灯管长度不应大于允许负载长度，露天安装的应采取防雨措施。 （3）霓虹灯专用变压器的二次侧和灯管间的连接线应采用额定电压大于15kV的高压绝缘导线，导线连接应牢固，防护措施应完好；高压绝缘导线与附着物表面的距离不应小于20mm。 （4）明装的霓虹灯变压器安装高度低于3.5m时应采取防护措施；室外安装距离晒台、窗口、架空线等不应小于1m，并应有防雨措施。霓虹灯管附着基面及其托架应采用金属或不燃材料制作，并应固定可靠，室外安装应耐风压
	景观照明灯具	在人行道等人员来往密集场所安装的落地式灯具，无围栏防护时，灯具距地面高度应大于2.5m
	航空障碍标志灯具	（1）灯具安装应牢固可靠，且应有维修和更换光源的措施；对于安装在屋面接闪器保护范围以外的灯具，当需设置接闪器时，其接闪器应与屋面接闪器可靠连接。 （2）当灯具在烟囱顶上安装时，应安装在低于烟囱口1.5～3m的部位且应呈正三角形水平排列【2017年】
	手术台无影灯	（1）固定灯座的螺栓数量不应少于灯具法兰底座上的固定孔数，且螺栓直径应与底座孔径相适配；螺栓应采用双螺母锁固。 （2）底座应紧贴顶板、四周无缝隙；表面应保持整洁、无污染，灯具镀、涂层应完整无划伤
	太阳能灯具	（1）太阳能灯具与基础固定应可靠，地脚螺栓有防松措施，灯具接线盒盖的防水密封垫应齐全、完整。 （2）灯具表面应平整光洁、色泽均匀，不应有明显的裂纹、划痕、缺损、锈蚀及变形等缺陷。 （3）太阳能灯具的电池板朝向和仰角调整应符合地区纬度，迎光面上应无遮挡物，电池板上方应无直射光源

考点29　电动机的启动方法

（题干）当电机容量较大时，为了降低启动电流，常采用减压启动。其中采用电路中串入电阻来降低启动电流的启动方法是（D）。【2016年】

A. 直接启动

B. 星-三角启动

C. 自耦减压启动控制柜（箱）减压启动【2015 年】

D. 绕线转子异步电动机启动【2016 年】

E. 软启动【2013 年、2014 年、2017 年】

F. 变频启动

> **细说考点**
>
> 本考点还可能作为考试的题目有：
> （1）具有启动电流大、方法简单，但一般仅适用于容量 7.5kW 以下的三相异步电动机的启动方法是（A）。
> （2）能够满足电动机平稳启动，同时可靠性高、维护量小、参数设置简单的电动机启动方法是（E）。【2013 年、2014 年、2017 年】

考点 30 常用低压电气设备

（题干）具有断路保护功能，能起到灭弧作用，还能避免相间短路，常用于容量较大的负载上作短路保护。这种低压电气设备是（H）。

A. 转换开关   B. 自动开关

C. 行程开关   D. 接近开关

E. 瓷插式熔断器   F. 螺旋式熔断器

G. 封闭式熔断器【2016 年】   H. 填充料式熔断器【2017 年、2019 年】

I. 自复熔断器   J. 接触器【2011 年、2014 年】

K. 磁力启动器   L. 热继电器【2017 年、2018 年】

M. 时间继电器【2012 年】   N. 中间继电器【2015 年】

O. 电流继电器【2013 年】   P. 速度继电器

Q. 电磁继电器   R. 固态继电器

S. 加速度继电器   T. 电压继电器【2017 年、2018 年】

U. 漏电保护器

> **细说考点**
>
> 1. 关于各类低压电气设备还可能考核的题目有：
> （1）在常用低压电气设备中，（A）是一种能在两路电源之间进行可靠切换双电源的装置，作用就是在其中一路电源失电时自动转换到另一路电源供电，使设备能够不停电继续运转。
> （2）低压电路常用的具有保护环节的断合电器是（B），其常用作配电箱中的总开关或分路开关，广泛用于建筑照明和动力配电线路中。

(3) 在常用低压电气设备中，(C) 常被用来限制机械运动的位置或行程，使运动机械按一定位置或行程自动停止、反向运动、变速运动或自动往返运动等。

(4) 具有传感性能，且动作可靠，性能稳定，频率响应快，应用寿命长，抗干扰能力强、防水、防震、耐腐蚀等特点的低压电气设备是 (D)。

(5) 当熔丝熔断时，色片被弹落，需要更换熔丝管，常用于配电柜中的熔断器是 (F)。

(6) 具有限流作用及较高的极限分断能力，用于较大短路电流的电力系统和成套配电装置中的熔断器是 (H)。【2017 年】

(7) 主要用于频繁接通、分断交、直流电路，控制容量大，其主要控制对象是电动机，广泛用于自动控制电路。该低压电气设备是 (J)。【2011 年、2014 年】

(8) 用于某些按下停止按钮后电动机不及时停转易造成事故的生产场合的低压电气设备是 (K)。

(9) 主要用于电动机和电气设备的过负荷保护的继电器是 (L)。

(10) 利用电磁原理或机械动作原理来延时触点的闭合或断开的继电器是 (M)。

(11) 接点多、容量大，可以将一个输入信号变成一个或多个输出信号的断电器是 (N)。【2015 年】

(12) 具有数量少、容量小等特点，启动电流整定值一般由电网调度提供的继电器是 (O)。

(13) 常用于电动机反接制动的控制电路中，当反接制动的电动机转速下降到接近零时，它能自动地及时切断电源的继电器是 (P)。

(14) 在输入电路内电流的作用下，由机械部件的相对运动产生预定响应的一种继电器是 (Q)。

(15) 输入、输出功能由电子元件完成而无机械运动部件的一种继电器是 (R)。

(16) 继电器具有自动控制和保护系统的功能，下列继电器中主要用于电气保护的有 (LT)。【2017 年】

2. 对于电流继电器还应掌握其技术要求：

(1) 用电流继电器作为电动机保护和控制时，电流继电器线圈的额定电流应大于或等于电动机的额定电流。【2013 年】

(2) 电流继电器的触头种类、数量、额定电流应满足控制电路的要求。【2013 年】

(3) 电流继电器的动作电流，一般为电动机额定电流的 2.5 倍。安装电流继电器时，需将线圈串联在主电路中，常闭触头串接于控制电路中与解除器连接，起到保护作用。

考点 31 配管配线工程——常用导管的选择

(题干) 电气配管配线工程中，对潮湿、有机械外力、有轻微腐蚀气体场所的明、暗配，应选用的管材为（B）。

A. 电线管
B. 焊接钢管【2017年】
C. 硬质聚氯乙烯管
D. 半硬质阻燃管
E. 刚性阻燃管
F. 可挠金属套管
G. 套接紧定式JDG钢导管
H. 金属软管

> **细说考点**
>
> 1. 本考点还可能会作为考题的题目：
> （1）电气配管配线工程中，管壁较薄，适用于干燥场所的明、暗配的管材为（A）。
> （2）电气配管配线工程中，耐腐蚀性较好，易变形老化，机械强度比钢管差，适用腐蚀性较大场所的明、暗配管材为（C）。
> （3）刚柔结合、易于施工，劳动强度较低，质轻，运输较为方便，已被广泛应用于民用建筑暗配管的管材为（D）。
> （4）可分为轻型、中型、重型，弯曲时需要专用弯曲弹簧，且需要采用专用接头插入法连接的管材为（E）。
> （5）主要用于砖、混凝土内暗设和吊顶内敷设及与钢管、电线管与设备连接间过渡的管材为（F）。
> （6）具有连接、弯曲操作简易，不用套丝、无须做跨接线、无须刷油，效率较高等特点的管材为（G）。
> （7）一般敷设在较小型电动机的接线盒与钢管口的连接处，用来保护电缆或导线不受机械损伤的管材为（H）。
>
> 2. 大家在学习过程中，还应当总结以上管材的共同特性，在2012年的考试中就考核过这样一道题目："在电气照明配管配线工程中，适用于暗配的管道有……"

考点32　配管配线工程——导管的加工

（题干）下列关于配管配线工程中管子加工的说法，正确的是（ABCDE）。

A. 管子的切割方法有：钢锯切割、切管机切割、砂轮机切割，禁止使用气焊切割【2011年】
B. 在管子的切割方法中砂轮机切割是目前先进、有效的方法
C. 管子煨弯方法有冷煨弯和热煨弯两种
D. 热煨管煨弯角度不应小于90°
E. 导管的加工弯曲处不应有折皱、凹陷和裂缝，且弯扁程度不应大于管外径的10%

> **细说考点**
>
> 本考点较简单，重点掌握A、B选项的内容。

考点 33　配管配线工程——导管的敷设要求

(题干) 镀锌钢导管或壁厚小于或等于（A）mm 的钢导管不得采用套管熔焊连接。

A. 2　　　　　　　　　　　　　B. 6
C. 8　　　　　　　　　　　　　D. 15
E. 0.3　　　　　　　　　　　　F. 0.8
G. 1　　　　　　　　　　　　　H. 1.2
I. 4　　　　　　　　　　　　　J. 6
K. 10

> **细说考点**
>
> 1. 本采分点还可能会作为考题的题目有：
> (1) 以熔焊焊接的保护联结导体宜为圆钢，直径不应小于（B）mm。
> (2) 当导管采用金属吊架固定时，圆钢直径不得小于（C）mm，并应设置防晃支架。
> (3) 当塑料导管在砌体上剔槽埋设时，应采用强度等级不小于 M10 的水泥砂浆抹面保护，保护层厚度不应小于（D）mm。
> (4) 明配的金属、非金属柔性导管固定点间距应均匀，管卡与设备、器具、弯头中点、管端等边缘的距离应小于（E）m。
> (5) 刚性导管经柔性导管与电气设备、器具连接时，柔性导管的长度在动力工程中不宜大于（F）m。
> (6) 明配的金属、非金属柔性导管固定点间距不应大于（G）m。
> (7) 刚性导管经柔性导管与电气设备、器具连接时，柔性导管的长度在照明工程中不宜大于（H）m。
> (8) 明配导管当两个接线盒间只有一个弯曲时，其弯曲半径不宜小于管外径的（I）倍。
> (9) 明配导管的弯曲半径不宜小于管外径的（J）倍。
> (10) 埋设于混凝土内的导管的弯曲半径不宜小于管外径的（J）倍。
> (11) 当导管埋埋于地下时，其弯曲半径不宜小于管外径的（K）倍。
>
> 2. 我们在掌握了本采分点的有关数值知识的基础上，还需要区分一下金属导管和塑料导管的具体敷设要求。

考点 34　配管配线工程——导线连接

(题干) 截面积 6mm² 及以下铜芯导线间的连接应采用导线连接器或搪锡连接，还应符合的规定包括（**ABCDEF**）。

A. 导线连接器应与导线截面相匹配

B. 单芯导线与多芯软导线连接时，多芯软导线宜搪锡处理

C. 导线连接后不应明露线芯

D. 多尘场所的导线连接应选用 IP5X 及以上的防护等级连接器

E. 潮湿场所的导线连接应选用 IPX5 及以上的防护等级连接器

F. 导线采用缠绕搪锡连接时，连接头缠绕搪锡后应采用可靠绝缘措施

细说考点

1. 本采分点在考核时一般都会考核正误判断型的选择题。
2. 导线连接的知识点中的每一句话都可以作为一个单项选择题来考核。
3. 要注意区分导线连接器或搪锡连接的不同要求。

第五章
管道和设备工程

本章可考题目及题型

考点1 室内给水系统的给水方式

（题干）某给水系统分区设置水箱和水泵，水泵分散布置，管线较短，投资较省，能量消耗较小，但供水独立性差，上区受下区限制的给水方式是（**H**）。

A. 直接给水

B. 单设水箱供水

C. 贮水池加水泵供水

D. 水泵、水箱联合供水

E. 气压罐供水

F. 低区直供，高区设贮水池、水泵、水箱供水

G. 高位水箱并联供水

H. 高位水箱串联供水

I. 减压水箱供水

J. 减压阀供水

K. 气压水箱供水

细说考点

对于本考点应掌握各给水方式的特性及适用范围，针对这一考点我们用表格的形式体现，会更直观，也容易被大家理解和掌握。

给水方式	优点	缺点	适用范围
直接供水	简单、投资省、安装维护方便、节能	外网停水即停水	外网水压、水量能满足用水要求，室内给水无特殊要求的建筑
单设水箱供水	供水可靠，系统、安装、维护简单，投资省，可充分利用外网水压，节能	高位水箱增加了结构荷载	外网水量周期性不足，室内要求水压稳定，允许设置高位水箱的建筑

续表

给水方式	优点	缺点	适用范围
贮水池加水泵供水	安全可靠，不增加建筑结构荷载	外网水压没有被充分利用	外网水压满足室内要求，而水压大部分时间不足的建筑
水泵、水箱联合供水	可延时供水，供水可靠，充分利用外网水压，节能	安装、维护麻烦，投资大，有振动和噪声干扰，需设高位水箱增加结构荷载	外网水压经常或间断不足，允许设置高位水箱的建筑
气压罐供水	设置可安装在建筑物任何高度上且安装方便，水质不易受污染，投资省，建设周期短，便于实现自动化	运行成本高，供水安全性差	室外管网水压经常不足，不易设置水箱的建筑
低区直供，高区设贮水池、水泵、水箱供水	能量消耗少，供水可靠，停水、停电时高区可延时供水	安装、维护麻烦，投资大，有振动和噪声干扰	外网水压经常不足，其不允许直接抽水，允许设置高位水箱的建筑
高位水箱并联供水	各区运行互不干扰，供水可靠，水泵集中管理，维护方便，运行费用经济	管线长，水泵较多，设备投资高，水箱占用建筑物使用面积	允许分区设置水箱的建筑
高位水箱串联供水	管线短，无须高压水泵，投资省，运行费用经济	供水独立性较差，上区受下区限制；水泵分散设置不易管理维护；水泵设在楼层，振动隔音要求高；水泵、水箱均设在楼层，占地面积大	允许分区设置水箱、水泵的建筑（尤其是高层工业建筑）
减压水箱供水	水泵少，设备费用低，维护方便，各分区水箱容积小	水泵运行费用高；屋顶水箱面积大，对结构和抗震不利	允许分区设置水箱，电力供应充足，电价较低的建筑

续表

给水方式	优点	缺点	适用范围
减压阀供水	不占楼层面积,减轻结构基础负荷,避免引起水箱二次污染	水泵运行费用高	电力供应充足,电价较低的建筑
气压水箱供水	无须设置高位水箱	运行费用高,气压水箱贮水量小,水泵启闭频繁,水压变化幅度大	不宜设置高位水箱的建筑

考点2 室内给水系统的管材

(题干)适用于系统工作压力小于等于 0.6MPa,工作温度小于等于 70℃室内给水系统。具有不锈蚀、耐磨损、不结垢等特点的给水管材是(F)。

A. 镀锌钢管 B. 无缝钢管【2019年】

C. 给水铸铁管 D. 球墨铸铁管【2016年】

E. 硬聚氯乙烯给水管【2019年】 F. 聚丙烯给水管

细说考点

1. 本考点还可能作为考题的题目有:

(1) 具有耐腐蚀、寿命长的优点,多用于 $DN \geqslant 75mm$ 的给水管道中,尤其适用于埋地铺设的给水管材是(C)。

(2) 近年来,在大型的高层民用建筑中,室内给水系统的总立管采用的管道为(D)。【2016年】

(3) 适用于给水温度不大于 45℃、给水系统工作压力不大于 0.6MPa 的生活给水系统的给水管材是(E)。

2. 对于给水铸铁管还需要掌握其连接方式和接口形式。即:给水铸铁管采用(承插连接),在交通要道等振动较大的地段采用(青铅接口)。对于这一采分点在 2012 年的考试中曾这样考核过:

在交通要道等振动较大的地段,埋地敷设给水承插铸铁管时,其接口形式应为(A)。

A. 青铅接口 B. 膨胀水泥接口

C. 石棉水泥接口 D. 橡胶圈机械接口

3. 硬聚氯乙烯给水管的连接方式如下:

(1) 管外径 $D_e < 63nm$ 时,宜采用承插式粘接连接;

(2) 管外径 $D_e \geqslant 63mm$ 时，宜采用承插式弹性橡胶密封圈柔性连接；【2019年】

(3) 与其他金属管材、阀门、器具配件等连接时，采用过渡性连接，包括螺纹或法兰连接。

4. 聚丙烯给水管的连接方式如下：

聚丙烯给水管管材及配件之间采用热熔连接。聚丙烯给水管与金属管件连接时，采用带金属嵌件的聚丙烯管件作为过渡，该管件与聚丙烯给水管采用热熔连接，与金属管采用丝扣连接。

考点3　室内给水管道安装

（题干）下列关于室内给水管道安装要求的说法，正确的是（ABCDEFGHIJK）。

A. 给水管道的安装顺序应按引入管、水平干管、立管、水平支管的顺序安装

B. 引入管应有不小于3‰的坡度，坡向室外给水管网，每条引入管上应装设阀门和水表、止回阀

C. 给水横干管宜敷设在地下室、技术层、吊顶内，宜设2‰~5‰的坡度，坡向泄水装置

D. 给水管与其他管道共架或同沟敷设时，给水管应敷设在排水管、冷冻水管上面或热水管、蒸汽管下面【2016年】

E. 给水管道穿过地下室外墙或构筑物墙壁时，应采用防水套管

F. 给水立管可以敷设在管道井内

G. 冷、热给水管上下并行安装时，热水管在冷水管的上面；垂直并行安装时，热水管在冷水管的左侧

H. 直接由市政管网供水的独立消防给水系统的引入管，可以不装设水表

I. 引入管、水表前后和立管、环状管网分干管、枝状管网的连通管处应设置阀门

J. 倒流防止器一般适用于清水或物理、化学性质类似清水且不允许介质倒流的管道系统中

K. 软接头在管道中起防振、防噪作用，主要用于有振动、噪声较大或穿沉降缝的地方

细说考点

本考点是关于室内给水管道安装要求的知识点，内容比较多，需要大家重点记忆。在这里特别讲一下I选项，在引入管、水表前后和立管、环状管网分干管、枝状管网的连通管处应设置阀门，那么应设置哪些阀门？阀门又是怎么设置呢？

1. 公称直径 $DN \leqslant 50mm$ 时，宜采用闸阀或球阀【2018年】；$DN > 50mm$ 时，宜采用闸阀或蝶阀；在双向流动和经常启闭管段上，宜采用闸阀或蝶阀，不经常启闭而又需快速启闭的阀门，应采用快开阀。

2.止回阀应装设在：（1）相互连通的2条或2条以上的和室内连通的每条引入管；（2）利用室外管网压力进水的水箱，其进水管和出水管合并为一条的出水管道；（3）消防水泵接合器的引入管和水箱消防出水管；（4）生产设备可能产生的水压高于室内给水管网水压的配水支管；（5）水泵出水管和升压给水方式的水泵旁通管。【2016年】

考点4 室内给水管道防护和水压试验

(题干) 下列关于室内给水管道防护和水压试验的说法，正确的是（ABCDEFGH）。

A.埋地的钢管、铸铁管一般采用涂刷热沥青绝缘防腐

B.管道防冻、防结露的方法是对管道进行绝热，常用的绝热层材料有聚氨酯、岩棉、毛毡等【2012年】

C.管道的防冻、防结露应在水压试验合格后进行

D.给水管道安装完成确认无误后，必须进行系统的水压试验，室内给水管道试验压力为工作压力的1.5倍，但是不得小于0.6MPa【2019年】

E.生活给水系统管道试压合格后交付使用前必须进行冲洗，冲洗顺序应先室外，后室内；先地下，后地上【2014年】

F.管道冲洗宜用清洁水进行

G.管道冲洗前节流阀、止回阀阀芯和报警阀等应拆除，已安装的孔板、喷嘴、滤网等装置也应拆下保管好，待冲洗后及时复位【2014年】

H.饮用水管道在使用前用每升水中含20～30mg游离氯的水灌满管道进行消毒，水在管道中停留24h以上【2014年】

细说考点

1.对于B选项，应掌握常用的绝热层材料都有哪些。

2.选项C～H，每个选项都是一个独立的采分点都可以单独进行考核，大家应注意掌握其中的关键词。C选项中的关键词是"水压试验合格后"；D选项中的关键词是"1.5倍"、"0.6MPa;"E选项中的关键词是"先室外，后室内；先地下，后地上"；"F"选项中的关键词是"清洁水"；G选项中的关键词是"节流阀、止回阀阀芯、报警阀、孔板、喷嘴、滤网应拆除"；H选项中的关键词是"20～30mg"、"24h"。

考点5 室内排水管道安装

(题干) 室内排水管道安装应满足的要求有（ABCDEFGH）。

A.室内排水管道一般按排出管、立管、通气管、支管和卫生器具的顺序安装，也可以

随土建施工的顺序进行排水管道的分层安装

　　B. 排出管一般铺设在地下室或地下

　　C. 排出管穿过地下室外墙或地下构筑物的墙壁时应设置防水套管；穿过承重墙或基础处应预留孔洞

　　D. 排出管在隐蔽前必须做灌水试验【2012年】

　　E. 排水立管通常沿卫生间墙角敷设，不宜设置在与卧室相邻的内墙，宜靠近外墙【2014年】

　　F. 排水立管上应用管卡固定，管卡间距不得大于3m【2014年】

　　G. 一层的排水横支管敷设在地下或地下室的顶棚下，其他层的排水横支管在下一层的顶棚下明设，有特殊要求时也可以暗设

　　H. 敷设在高层建筑室内的塑料排水管道管径大于或等于110mm时，应设置阻火圈

> **细说考点**
>
> 　　1. D选项中可在"灌水试验"处设置干扰项，比如将"灌水试验"改为"水压试验"、"气压试验"、"渗漏试验"。
>
> 　　2. 如果将E选项设置为错误选项的话，可能会这样表述：排水立管通常沿卫生间墙角敷设，宜设置在与卧室相邻的内墙。
>
> 　　3. F选项可能会在"不得大于3m"处设置干扰项，因此这是要重点记忆的地方。
>
> 　　4. 对于H选项中的"应设置阻火圈"，大家需要知道应该在哪里设置阻火圈。即：(1) 明敷立管穿越楼层的贯穿部位；(2) 横管穿越防火分区的隔墙和防火墙的两侧；(3) 横管穿越管道井井壁或管窿围护墙体的贯穿部位外侧。【2017年、2019年】

考点6　清通设备

（题干）下列关于各类清通设备的说法中，正确的是（A）。

A. 检查口为可双向清通的管道维修口，清扫口仅可单向清通【2017年】

B. 立管上检查口之间的距离不大于10m【2013年】

C. 平顶建筑可用通气管顶口代替检查口【2013年】

D. 立管上如有乙字管，则在该层乙字管的上部应设检查口【2013年】

E. 最低层和设有卫生器具的二层以上坡屋顶建筑物的最高层排水立管上应设置检查口

F. 在连接2个及以上的大便器或3个及以上的卫生器具的污水横管上，应设清扫口

G. 在转弯角度小于135°的污水横管的直线管段，应按一定距离设置检查口或清扫口

H. 地漏按材质可分为铸铁、PVC、锌合金、陶瓷、铸铝、不锈钢、黄铜、铜合金等

I. 地漏按结构形式可分为钟罩式、筒式、浮球式

J. 检查井可以设在管道转弯和连接支管处、管道的管径、坡度改变处、直线管段上

> **细说考点**
>
> 1. 针对 B 选项，可能会将其中的"10m"，改为其他数字作为干扰项。
> 2. 对于 C 选项，可能会这样设置错误项：平顶建筑通气管顶口旁设检查口。
> 3. H 选项和 I 选项，可互为干扰项。

考点 7 　常见采暖系统形式和特点

（题干）具有热惰性小、升温快、设备简单、投资省等优点，适用于耗热量大的建筑物、间歇使用的房间和有防火防爆要求的车间的采暖系统形式是（L）。

A. 重力循环单管上供下回式 　　　　　B. 重力循环双管上供下回式

C. 机械循环双管上供下回式 　　　　　D. 机械循环双管下供下回式

E. 机械循环双管中供式 　　　　　　　F. 机械循环单—双管式

G. 机械循环水平串联单管式 　　　　　H. 重力回水低压蒸汽采暖系统

I. 机械回水低压蒸汽采暖系统 　　　　J. 开式高压蒸汽采暖系统

K. 设置二次蒸发箱的高压蒸汽采暖系统　L. 热风采暖系统【2011 年】

M. 低温热水地板辐射采暖系统【2015 年】　N. 分户水平单管系统

O. 分户水平双管系统【2011 年】 　　　P. 分户水平单双管系统

Q. 分户水平放射式系统

> **细说考点**
>
> 采暖系统的形式很多，特点也各不相同，为了更好地帮助大家学习，这里就不采用题目的形式了，列表说明更清晰和直观。

采暖系统形式		特点
热水采暖系统	重力循环单管上供下回式【2018 年】	(1) 系统简单，管材和阀门用量少，造价低；升温慢，不消耗电能。 (2) 环路少，压力易平衡，水力稳定性好。 (3) 可缩小锅炉中心与散热器中心距离。 (4) 各组散热器无法单独调节
	重力循环双管上供下回式【2018 年】	(1) 系统简单、作用压力小、升温慢、不消耗电能。 (2) 各组散热器均为并联，可单独调节。 (3) 易产生垂直失调，出现上层过热、下层过冷现象
	机械循环双管上供下回式【2018 年】	(1) 适用于多层建筑采暖系统。 (2) 排气方便，室温可调节。 (3) 易产生垂直失调，出现上层过热、下层过冷现象

续表

采暖系统形式		特点
热水采暖系统	机械循环双管下供下回式	(1) 缓和了上供下回式系统的垂直失调现象。 (2) 安装供回水干管需设置地沟。 (3) 室内无供水干管，顶层房间美观。 (4) 排气不便
	机械循环双管中供式	(1) 可解决一般供水干管挡窗问题。 (2) 解决垂直失调比上供下回有利。 (3) 对楼层、扩建有利。 (4) 排气不便
	机械循环单－双管式	(1) 能缓解单管式系统的垂直失调现象。 (2) 各组散热器可单独调节。 (3) 适用于高层建筑采暖系统
	机械循环水平串联单管式	(1) 构造简单，经济性最好，当前使用较多的系统之一。 (2) 环路少，压力易平衡，水力稳定性好。 (3) 常因水平串管伸缩补偿不佳而产生漏水现象
蒸汽供暖系统	重力回水低压蒸汽采暖系统	(1) 宜在小型采暖系统中采用。 (2) 当供暖系统作用半径较大时，要采用较高的蒸汽压力才能将蒸汽输送到最远散热器。 (3) 当蒸汽压力较高时，会影响散热
	机械回水低压蒸汽采暖系统	(1) 供汽压力小于 0.07MPa。 (2) 凝结水依靠水泵的动力送回热源重新加热
	开式高压蒸汽采暖系统/设置二次蒸发箱的高压蒸汽采暖系统	(1) 供汽压力高，流速大，系统作用半径大。 (2) 散热器内蒸汽压力高，表面温度高。 (3) 凝水强度高，容易产生二次蒸汽
热风采暖系统		(1) 适用于耗热量大的建筑物，间歇使用的房间和有防火防爆要求的车间。【2011 年】 (2) 具有热惰性小、升温快、设备简单、投资省等优点 (3) 采暖管采用平行排管、蛇形排管、蛇形盘管的形式辐射【2015 年】
低温热水地板辐射采暖系统		具有节能、舒适性强、能实现"按户计量、分室调温"、不占用室内空间等特点

续表

采暖系统形式		特点
分户热计量采暖系统	分户水平单管系统	(1) 水平支路长度限于一个住户之内,能够分户计量和调节供热量。 (2) 可分室改变供热量,满足不同的温度要求
	分户水平双管系统	一个住户内的各组散热器并联,可实现分房间温度控制
	分户水平单双管系统	可用于面积较大的户型以及跃层式建筑【2011年】
	分户水平放射式系统	适用于多层住宅多个用户的分户热计量系统

考点8 散热器

(题干) 金属耗量少,传热系数高,耐压强度高,最高承压能力可达 0.8～1.0MPa,适用于高层建筑供暖和高温水供暖系统的散热器是 (B)。

A. 铸铁散热器【2014年】　　　　　　B. 钢制散热器【2013年、2015年】

C. 铝制散热器【2017年】　　　　　　D. 复合型散热器

E. 柱形散热器　　　　　　　　　　　F. 长翼形散热器

G. 钢制板式散热器　　　　　　　　　H. 扁管形散热器

I. 钢制翅片管对流散热器　　　　　　J. 光排管散热器【2018年】

细说考点

1. 本考点也同样是需要掌握特性和适用范围。关于这一采分点还可能作为考题的题目有:

(1) 具有结构简单,防腐性好,使用寿命长、热稳定性好和价格便宜等优点,但其金属耗量大、传热系数低、承压能力低。该散热器是 (A)。

(2) 某散热器热工性能好、质量小、承压能力高但造价高、碱腐蚀严重,适用于高档公寓、酒店等高级建筑。该散热器是 (C)。

(3) 某散热器外观色彩、款式可以多样化,高度在 300～1800mm 范围,重量较轻,会出现随着使用时间而出现散热量递减的情况。该散热器是 (D)。

(4) 制造工艺简单,造价较低,外形不美观,灰尘不易清扫的散热器是 (F)。

(5) 采用优质冷轧低碳钢板为原料的新型高效节能散热器是 (G),它装饰性强,最大限度减小室内占用空间,提高了房间的利用率。

(6) 既适用于蒸汽系统又适用于热水系统的散热器是 (I)。

(7) 构造简单、制作方便,使用年限长、散热快、散热面积大、适用范围广、易于清洁、无须维护保养等显著特点的散热器是 (J)。【2018年】

2.对于散热器除了掌握其特性和使用范围外还需要知道散热器怎么选用。

(1) 散热器的承压能力应满足系统的工作压力。

(2) 放散粉尘或防尘要求较高的工业建筑应选用易于清扫的散热器。

(3) 具有腐蚀性气体的工业建筑或相对湿度较大的房间应选用外表面耐腐蚀的散热器。

(4) 当选用钢制、铝制、铜制散热器时,为降低内腐蚀,应对水质提出要求,一般钢制 pH=10~12,铝制 pH=5~8.5,铜制 pH=7.5~10 为适用值。

对这一采分点在 2017 年度的考试中,曾这样考核过:

散热器的选用应考虑水质的影响,水的 pH 值在 5~8.5 时,宜选用 (C)。

A. 钢制散热器 B. 铜制散热器
C. 铝制散热器 D. 铸铁散热器

考点9 用户燃气系统——室外燃气管道

(题干) 某输送燃气管道,其塑性好、切断、钻孔方便、抗腐蚀性好,使用寿命长,但其重量大、金属消耗多、易断裂,接口形式常采用机械柔性接口和法兰接口,此管材为 **(C)**。

A. 无缝钢管 B. 螺旋缝埋弧焊接钢管
C. 球墨铸铁管【2017 年】 D. 聚乙烯(PE)管

细说考点

1.以上题目的考核点是室外燃气管道管材的选用。对于这一采分点还可能作为考题的题目有:

(1) 天然气输送钢管为 (AB)。

(2) 适用于燃气管道的塑料管主要是 (D)。

2.对于室外燃气管道还需要掌握管道安装的相关知识。

管道材质	安装要求
钢管	采用三层 PE 防腐钢管,焊接,直埋敷设
球墨铸铁管	采用机械接口
燃气聚乙烯(PE)管	采用电熔连接(电熔承插连接、电熔鞍形连接)或热熔连接(热熔承插连接、热熔对接连接、热熔鞍形连接),不得采用螺纹连接和粘接。 聚乙烯管与金属管道连接,采用钢塑过渡接头连接。 当 $D_e<90mm$ 时,宜采用电熔连接;当 $D_e \geq 110mm$ 时,宜采用热熔连接

考点 10　用户燃气系统——室内燃气管道

（题干） 下面关于室内燃气管道安装的说法中，正确的是（ABCDEF）。

A. 燃气管道严禁敷设在易燃、易爆品的仓库、有腐蚀性介质的房间、配电间、变电室、电缆沟、暖气沟、烟道和进风道等部位

B. 燃气引入管安装时引入管坡度不得小于3‰，坡向干管

C. 燃气引入管不得敷设在卧室、浴室、密闭地下室

D. 在有人行走的地方，燃气管道的敷设高度不应小于2.2m

E. 在有车通行的地方，燃气管道的敷设高度不应小于4.5m

F. 室内燃气管道不宜穿越水斗下方，当必须穿越时，应加设套管

细说考点

1. 重点记忆各选项数字部分的内容。
2. 室内燃气管道的另一个采分点是管材的选用：

项　目			管材	连接方式
按压力选材	低压管道	DN≤50	镀锌钢管	螺纹连接
		DN＞50	无缝钢管	焊接或法兰连接
	中压管道		无缝钢管	焊接或法兰连接
按安装位置选材	明装		镀锌钢管	丝扣连接
	埋地敷设		无缝钢管	焊接

考点 11　给水排水、采暖、燃气工程计量

（题干） 依据《通用安装工程工程量计算规范》GB 50856—2013，下列给排水、采暖、燃气工程管道计量中，以"个"计算单位的是（KO）。

A. 镀锌钢管、钢管、不锈钢管

B. 铜管、铸铁管

C. 塑料管、复合管

D. 直埋式预制保温管、承插陶瓷缸瓦管

E. 承插水泥管、室外管道碰头

F. 现场制作支架

G. 成品支架

H. 小便槽冲洗管

I. 光排管散热器制作安装

J. 暖风机与热媒集配装置制作安装

K. 集气罐制作安装

L. 变频给水设备、稳压给水设备、无负压给水设备、太阳能集热装置和直饮水设备

M. 气压罐、除砂器、水处理器、超声波灭藻设备、水质净化器、紫外线杀菌设备、热水器、开水炉、消毒器、消毒锅以及水箱

N. 燃气开水炉、燃气采暖炉、燃气沸水器、消毒器、燃气热水器、燃气表、燃气灶具、调压器及调压箱、调压装置

O. 气嘴、点火棒、燃气抽水缸、燃气管道调长器、调长器与阀门连接

P. 制氧主机、液氧罐、二级稳压箱、汽水分离器、医用空气压缩机和干燥机

Q. 气体汇流排与刷手池

R. 欠压报警装置

> **细说考点**
>
> 1. 关于计量单位，还可能考核的题目有：
>
> （1）依据《通用安装工程工程量计算规范》GB 50856—2013，下列给排水、采暖、燃气工程管道计量中，以"m"计算单位的是（ABCDEHI）。
>
> （2）依据《通用安装工程工程量计算规范》GB 50856—2013，下列给排水、采暖、燃气工程管道计量中，以"套"计算单位的是（GLMR）。
>
> （3）依据《通用安装工程工程量计算规范》GB 50856—2013，下列给排水、采暖、燃气工程管道计量中，以"kg"计算单位的是（F）。
>
> （4）依据《通用安装工程工程量计算规范》GB 50856—2013，下列给排水、采暖、燃气工程管道计量中，以"台"计算单位的是（JNP）。
>
> （5）依据《通用安装工程工程量计算规范》GB 50856—2013，下列给排水、采暖、燃气工程管道计量中，以"组"计算单位的是（Q）。
>
> 2. 本考点还有一个重要的采分点，即：给排水、采暖、燃气管道工程量计算规则的说明。
>
> （1）给水管道室内外界限划分：以建筑物外墙皮 1.5m 为界，入口处设阀门者以阀门为界。【2013年、2017年】
>
> （2）排水管道室内外界限划分：以出户第一个排水检查井为界。
>
> （3）采暖管道室内外界限划分：以建筑物外墙皮 1.5m 为界，入口处设阀门者以阀门为界。【2013年、2017年】
>
> （4）燃气管道室内外界限划分：地下引入室内的管道以室内第一个阀门为界，地上引入室内的管道以墙外三通为界。【2013年】

考点12 通风方式

（题干）对于散发热、湿或有害物质的车间，当不能采用局部通风时，应辅以（D）。

A. 自然通风　　　　　　　　　　B. 机械通风【2015年、2016年、2017年】

C. 局部通风　　　　　　　　　　D. 全面通风【2011年、2012年、2013年】
E. 除尘系统　　　　　　　　　　F. 净化系统【2015年、2017年】
G. 事故通风系统　　　　　　　　H. 建筑防火防排烟系统
I. 人防通风系统

> **细说考点**
>
> 1. 关于各通风方式的适用情形，还可能作为考题的题目有：
> （1）具有经济、节能、简便易行、无须专人管理、无噪声等优点，在选择通风措施时应优先采用（A）。
> （2）作为一种局部机械排风系统，（E）是用吸尘罩捕集工艺过程产生的含尘气体，在风机的作用下，含尘气体沿风道被输送到除尘设备，将粉尘分离出来，净化后的气体排至大气，粉尘进行收集与处理。
>
> 2. 关于B选项（机械通风）还应当掌握下列内容：
>
> | 类别 | 特点 |
> | --- | --- |
> | 机械送风 | 风机提供空气流动的动力 |
> | 机械排风 | 风口是收集室内空气的地方，宜设在污染物浓度较大的地方【2015年】。污染物密度比空气小时，风口宜设在上方，而密度较大时，宜设在下方。
风管为空气的输送通道，当排风是潮湿空气时，宜采用玻璃钢或聚氯乙烯板制作，一般排风系统可用钢板制作。【2016年】
在采暖地区为防止风机停止时倒风，或洁净车间防止风机停止时含尘空气进入房间，常在风机出口管上装电动密闭阀，与风机联动【2017年】 |
>
> 3. 关于D选项（全面通风）还应当掌握下列内容：
>
> | 类别 | 特点 |
> | --- | --- |
> | 稀释通风 | 所需要的全面通风量大，控制效果差 |
> | 单向流通风 | 通风量小、控制效果好【2013年】 |
> | 均匀通风 | 能有效排除室内污染气体，目前主要应用于汽车喷涂室等对气流、温度控制要求高的场所【2011年】 |
> | 置换通风 | 低速、低温送风与室内分区流态是置换通风的重要特点，对送风的空气分布器要求较高【2012年】 |
>
> 4. 关于E选项（除尘系统）还应当掌握下列内容：
>
> | 除尘形式 | 特点 |
> | --- | --- |
> | 就地除尘 | 布置紧凑、简单、维护管理方便 |
> | 分散除尘 | 风管较短，布置简单，系统压力容易平衡 |
> | 集中除尘 | 适用于扬尘点比较集中，有条件采用大型除尘设施的车间 |

5. 关于 F 选项（净化系统）还应当掌握下列内容：

净化方法	特点
燃烧法	广泛应用于有机溶剂蒸汽和碳氢化合物的净化处理，也可用于除臭
吸收法	广泛应用于无机气体（硫氧化物、氮氢化物、硫化氢、氯化氢等），有害气体的净化。能同时进行除尘，适用于处理气体量大的场合。与其他净化方法相比，费用较低但需要对排水进行处理，净化效率难以达到100%【2017年】
吸附法	广泛应用于低浓度有害气体的净化，特别是各种有机溶剂蒸汽。净化效率能达到100%【2015年、2019年】
冷凝法	净化效率低，只适用于浓度高、冷凝温度高的有害蒸汽

6. 关于 H 选项（建筑防火防排烟系统）还应当掌握下列内容：

防排烟方式	特性
自然排烟	设施简单，投资少，日常维护工作少，操作容易；但排烟效果并不稳定。除建筑高度超过50m的一类公共建筑和建筑高度超过100m的居住建筑外，靠外墙的防烟楼梯间及其前室、消防电梯间前室和合用前室，宜采用自然排烟方式【2016年】
机械排烟	能保证稳定的排烟量；但设施费用高，需经常保养
加压防烟系统	主要用于高层建筑的垂直疏散通道和避难层（间）

考点 13　气力输送系统

（题干）下列气力输送系统的类别中，具有吸料方便，输送距离长，可多点吸料，并压送至若干卸料点的是（C）。

A. 吸送式系统【2011年】

B. 压送式系统【2011年】

C. 混合式系统【2011年、2017年】

D. 循环式系统【2011年】

细说考点

本考点还可能考核的题目有：

（1）能有效收集物料，并不会进入大气，多用于集中式输送，输送距离受到一定限制的气力输送系统是（A）。

（2）下列气力输送系统的类别中，（B）的输送距离较长，适于分散输送。

（3）一般用于较贵重气体输送特殊物料的气力输送系统是（D）。

考点 14　通风机

(题干) 某种通风机具有可逆转特性，在重量或功率相同的情况下，能提供较大的通风量和较高的风压，可用于铁路、公路隧道的通风换气。该风机为 (**K**)。

A. 离心式通风机　　　　　　　　　B. 轴流式通风机
C. 贯流式通风机　　　　　　　　　D. 一般用途通风机
E. 排尘通风机　　　　　　　　　　F. 高温通风机
G. 防爆通风机　　　　　　　　　　H. 防腐通风机
I. 防、排烟通风机　　　　　　　　J. 屋顶通风机
K. 射流通风机【2016 年】

细说考点

1. 通风机可划分为两大类，一是按照风机的作用原理，可分为 (**ABC**)；二是按照用途，可分为 (**DEFGHIJK**)。【2018 年】

2. 本考点还可能考核的题目有：

(1) 用于一般的送排风系统，或安装在除尘器后的除尘系统。适宜输送温度低于 80℃，含尘浓度小于 150mg/m³ 的无腐蚀性、无黏性气体的通风机是 (**A**)。

(2) 适用于一般厂房的低压通风系统的通风机是 (**B**)。

(3) 全压系数较大，效率较低，大量应用于空调挂机、空调扇、风幕机等设备产品中的通风机是 (**C**)。

(4) 选用与砂粒、铁屑等物料碰撞时不发生火花的材料制作的通风机是 (**G**)。

(5) 在温度高于 300℃ 的情况下可连续运行 40min 以上的通风机是 (**I**)。

(6) 直接安装于建筑物的屋顶上，常用于各类建筑物的室内换气，施工安装极为方便的通风机是 (**J**)。

3. 对于防爆通风机，还需要掌握的知识点有：

防爆等级低的通风机，叶轮用 (铝板) 制作，机壳用 (钢板) 制作【2017 年】；对于防爆等级高的通风机，叶轮、机壳则均用 (铝板) 制作，并在机壳和轴之间增设密封装置。

考点 15　风阀

(题干) 风阀是空气输配管网的控制、调节机构，只具有控制功能的风阀为 (**IJK**)。

A. 蝶式调节阀　　　　　　　　　　B. 菱形单叶调节阀
C. 插板阀　　　　　　　　　　　　D. 平行式多叶调节阀
E. 对开式多叶调节阀　　　　　　　F. 菱形多叶调节阀
G. 复式多叶调节阀【2013 年】　　　H. 三通调节阀
I. 止回阀【2017 年】　　　　　　　J. 防火阀【2017 年】

K. 排烟阀【2017年】

> **细说考点**
>
> 关于风阀还会考核的题目有：
> (1) 具有控制和调节两种功能的风阀有（ABCDEFGH）。
> (2) 主要用于小断面风管的风阀有（ABC）。
> (3) 主要用于大断面风管的风阀有（DEF）。【2018年】
> (4) 用于管网分流或合流或旁通处的各支路风量调节的风阀有（GH）。【2013年】
> (5) 靠改变叶片角度调节风量的风阀是（ADE）。
> (6) 靠改变叶片张角调节风量的风阀是（F）。
> (7) 控制气流的流动方向，阻止气流逆向流动的风阀是（I）。
> (8) 防止火灾通过风管蔓延，在70℃时关闭的风阀是（J）。

考点16　局部排风罩

(题干) 按照密闭罩和工艺设备的配置关系，防尘罩可分为（ABC）。

A. 局部密闭罩
B. 整体密闭罩
C. 大容积密闭罩【2015年】
D. 柜式排风罩
E. 外部吸气罩
F. 接受式排风罩
G. 吹吸式排风罩【2012年】

> **细说考点**
>
> 关于局部排风罩还可能会考核的题目有：
> (1) 罩的一面全部敞开，操作人员可直接进入柜内工作的排风罩的形式为（D）。
> (2) 利用排风气流的作用，在有害物散发地点造成一定的吸入速度，使有害物吸入罩内的排风罩为（E）。
> (3) 在通风工程中，利用射流能量密集，速度衰减慢，而吸气气流衰减快的特点，有效控制有害物，进而排入排风管道系统的排风罩为（G）。

考点17　消声器

(题干) 它利用声波通道截面的突变，使沿管道传递的某些特定频段的声波反射回生源，从而达到消声的目的。这种消声器是（B）。

A. 阻性消声器【2013年、2019年】
B. 抗性消声器【2012年、2016年】
C. 干涉型消声器
D. 阻抗复合消声器
E. 扩散消声器
F. 缓冲式消声器

> **细说考点**
>
> 关于消声器还可能考核的题目有：
> （1）利用敷设在气流通道内的多孔吸声材料来吸收声能，具备良好的中、高频消声性能的消声器是（A）。【2013年】
> （2）在其器壁上设许多小孔，气流经小孔喷射后，通过降压减速，达到消声目的的消声器是（E）。
> （3）利用多孔管及腔室阻抗作用，将脉冲流转换为平滑流的消声设备是（F）。
> （4）对低、中、高整个频段内的噪声均可获得较好消声效果的消声设备是（D）。

考点18　空气净化设备

（题干）吸收率不高，仅适用于有害气体浓度低、处理气体量不大和同时需要除尘的情况的空气净化设备是（A）。

A. 喷淋塔　　　　　　　　　　　　B. 填料塔
C. 湍流塔【2018年】　　　　　　　D. 固定床活性炭吸附设备
E. 移动床吸附设备　　　　　　　　F. 流动床吸附设备

> **细说考点**
>
> 1. 空气净化设备共两类，一类是吸收设备，另一类是吸附设备。
> （1）空气净化设备中的吸收设备包括（ABC）。
> （2）空气净化设备中的吸附设备包括（DEF）。
> 2. 接下来我们来学习各净化设备的特点：
>
> | 空气净化设备 | 特点 |
> | --- | --- |
> | 喷淋塔 | 阻力小、结构简单，塔内无运动部件。但是它的吸收率不高，仅适用于有害气体浓度低、处理气体量不大和同时需要除尘的情况 |
> | 填料塔 | 结构简单、阻力中等，但不适用于有害气体与粉尘共存的场合 |
> | 湍流塔 | 塔内设有开孔率较大的筛板，筛板上放置一定数量的轻质小球，相互碰撞，吸收剂自上向下喷淋，加湿小球表面，进行吸收 |
> | 固定床活性炭吸附设备 | 可分为垂直型、圆筒型、多层型和水平型等 |
> | 流动床吸附设备 | 由吸附部、脱附段、料封部、球状炭输送装置和冷凝回收装置五大部分组成【2011年】 |

考点19　空调系统的分类

（题干） 集中处理部分或全部风量，然后送往各房间（或各区），在各房间（或各区）再进行处理的空调系统是（B）。

A. 集中式系统　　　　　　　　　　B. 半集中式系统【2015年】

C. 分散式系统　　　　　　　　　　D. 定风量系统

E. 变风量系统　　　　　　　　　　F. 全空气系统

G. 空气—水系统　　　　　　　　　H. 全水系统

I. 冷剂系统　　　　　　　　　　　J. 封闭式系统

K. 直流式系统　　　　　　　　　　L. 混合式系统

细说考点

1. 首先我们应该对空调系统的分类有所了解，能够根据不同的划分标准，正确的对空调系统进行分类。我们以题目的形式体现：

(1) 根据空气处理设备的设置情况，空调系统可分为（ABC）。

(2) 根据送风量是否变化，空调系统可分为（DE）。

(3) 根据承担室内负荷的输送介质，空调系统可分为（FGHI）。

(4) 根据所处理空气的来源，空调系统可分为（JKL）。

2. 教材中在介绍每一类空调系统的特点的时候会举例说明，很多时候就会对这些示例进行考核，例如：

(1) 风机盘管加新风系统属于空调系统中的（B）。【2015年】

(2) 定风量或变风量的单风管中式系统、双风管系统、全空气诱导系统属于空调系统中的（F）。

(3) 带盘管的诱导系统、风机盘管机组加新风系统属于空调系统中的（G）。【2014年】

(4) 风机盘管系统、辐射板系统属于空调系统中的（H）。

3. 关于空调系统还需要掌握的内容有：

(1) 将整体组装的空调机组直接放在空调房间内的空调系统是（C）。

(2) 房间的全部负荷均由集中处理后的空气负担的空调系统是（F）。

(3) 空调房间的负荷由集中处理的空气负担一部分，其他负荷由水作为介质在送入空调房间时，对空气进行再处理的空调系统是（G）。

(4) 房间负荷全部由集中供应的冷、热水负担的空调系统是（H）。

(5) 最节省能量，但由于没有新风，仅适用于人员活动很少的场所的空调系统是（J）。

(6) 消耗较多的冷量和热量，主要用于空调房间内产生有毒有害物质而不允许利用回风的场所的空调系统是（K）。

4.混合式系统在使用循环空气时,可采用如下两种回风形式:一次回风(是空调中应用最广泛的一种形式);二次回风。

考点 20　空调系统主要设备及部件

(题干)空调系统中,(A)具有消耗金属少,容易加工等优点,但对水质要求高、占地面积大、水泵耗能多。

A.喷水室【2013年】　　　　　　B.表面式换热器
C.空气加湿设备　　　　　　　　D.空气减湿设备
E.空气过滤器　　　　　　　　　F.消声器
G.消声静压箱　　　　　　　　　H.隔振装置
I.冷却塔　　　　　　　　　　　J.膨胀节

细说考点

1.还可能考核的题目有:空调系统中,(B)具有构造简单,占地少,对水的清洁度要求不高,水侧阻力小等优点。

2.空气过滤器按过滤器性能可分为五类,具体内容见下表:

空气过滤器类别	特点
粗效过滤器	主要作用是去除 $5.0\mu m$ 以上的大颗粒灰尘,其结构形式有板式、折叠式、袋式和卷绕式。在净化空调系统中作预过滤器
中效过滤器	主要作用是去除 $1.0\mu m$ 以上的灰尘粒子,其结构形式有折叠式、袋式和楔形组合式等。在净化空调系统和局部净化设备中作为中间过滤器
高中效过滤器	能较好地去除 $1.0\mu m$ 以上的灰尘粒子,其结构形式多为袋式,滤料多为一次性使用。可作净化空调系统的中间过滤器和一般送风系统的末端过滤器。 其滤料为无纺布或丙纶滤布【2016年】
亚高效过滤器	能较好地去除 $0.5\mu m$ 以上的灰尘粒子,可作净化空调系统的中间过滤器和低级别净化空调系统的末端过滤器【2012年】
高效过滤器	是净化空调系统的终端过滤设备和净化设备的核心

3.关于F选项(消声器),应知道其可以分为阻性、抗性、共振型和复合型等多种。【2014年】

4.关于J选项(膨胀节),应知道膨胀节可分为两大类:

(1) 约束膨胀节。主要包括：大拉杆横向型膨胀节、旁通轴向压力平衡型膨胀节。【2012年】

(2) 无约束膨胀节。主要包括：通用型膨胀节、单式轴向型膨胀节、复式轴向型膨胀节、外压轴向型膨胀节、减振膨胀节、抗振膨胀节。

考点 21　空调系统的电制冷装置

（题干）它具有质量轻、制冷系数高、运行平稳、容量调节方便和噪声较低等优点，但小制冷量时机组能效比明显下降，负荷太低时可能发生喘振现象。目前广泛使用在大中型商业建筑空调系统中，该冷水机组为（B）。

A. 活塞式冷水机组【2013年】　　　　　B. 离心式冷水机组【2015年、2017年】
C. 螺杆式冷水机组

细说考点

电制冷机组可分为冷水机组和风冷机组，下面以表格的形式，为大家列出电制冷机组的分类及特性。

分类			特性
电制冷机组	冷水机组	活塞式冷水机组	民用建筑空调制冷中采用时间最长、使用数量最多的一种机组，它具有制造简单、价格低廉、运行可靠、使用灵活等优点，在民用建筑空调中占重要地位【2013年】
		离心式冷水机组	目前大中型商业建筑空调系统中使用最广泛的一种机组，具有质量轻、制冷系数较高、运行平稳、容量调节方便、噪声较低、维修及运行管理方便等优点，主要缺点是小制冷量时机组能效比明显下降，负荷太低时可能发生喘振现象，使机组运行工况恶化【2015年、2017年】
电制冷机组	冷水机组	螺杆式冷水机组	结构简单、体积小、重量轻，可以在15%～100%的范围内对制冷量进行无极调节，且在低负荷时的能效比较高
	冷风机组		冷风机组中的压缩机通常为活塞式、螺杆式和转子式。这类机组的容量较小，常见的有房间空调器和单元式空调机组

考点 22　通风系统风管的制作与连接

（题干）下列关于通风系统风管制作与连接的说法中，正确的是（ABCDEFGHIJK）。
A. 风管可现场制作或工厂预制，风管制作方法分为咬口连接、铆钉连接、焊接
B. 风管制作方法中的咬口连接适用于镀锌钢板及含有各类复合保护层的钢板
C. 因通风空调风管密封要求较高或板材较厚不能用咬口连接时，板材的连接常采用焊接
D. 风管连接有法兰连接和无法兰连接

E. 法兰连接主要用于风管与风管或风管与部、配件间的连接

F. 法兰按风管的断面形状，分为圆形法兰和矩形法兰

G. 法兰按风管使用的金属材质，分为钢法兰、不锈钢法兰、铝法兰

H. 不锈钢风管法兰连接的螺栓，宜用同材质的不锈钢制成

I. 铝板风管法兰连接应采用镀锌螺栓，并在法兰两侧垫镀锌垫圈

J. 硬聚氯乙烯风管和法兰连接，应采用镀锌螺栓或增强尼龙螺栓，螺栓与法兰接触处应加镀锌垫圈

K. 风管安装连接后，在刷油、绝热前应按规范进行严密性、漏风量检测【2012年】

细说考点

1. 对于D选项中的无法兰连接，还应掌握下列内容：

圆形风管无法兰连接	连接形式有承插连接、芯管连接及抱箍连接【2011年】
矩形风管无法兰连接	连接形式有插条连接、立咬口连接及薄钢材法兰弹簧夹连接【2012年】
软管连接	主要用于风管与部件（如散流器、静压箱、侧送风口等）的连接

2. 以多项选择题的形式考核法兰的分类的时候，F、G选项可以互为干扰项。

3. 最后再讲一下风管的断面形状。通风管道的断面形状有圆形和矩形两种。

(1) 圆形管道耗钢量小、强度大，但占有效空间大，其弯管与三通需较长距离。

(2) 矩形管道四角存在局部涡流，在同样风量下，矩形管道的压力损失要比圆形管道大。矩形管道占有效空间较小，易于布置，明装较美观。

考点23 通风（空调）系统试运转及调试

(题干) 通风空调系统的设备单体试运转的内容包括（ABCDE）。

A. 通风机试运转

B. 水泵试运转

C. 制冷机试运转

D. 空气处理室表面热交换器工作是否正常

E. 带有动力的除尘器与空气过滤器的试运转

F. 通风机风量、风压及转速测定

G. 系统与风口的风量测定与调整

H. 通风机、制冷机、空调器噪声的测定

I. 制冷系统运行的压力、温度、流量等各项技术数据

J. 防排烟系统正压送风前室静压的检测

K. 空气净化系统高效过滤器的检漏和室内洁净度级别的测定

L. 室内空气中含尘浓度或有害气体浓度与排放浓度的测定

M. 吸气罩罩口气流特性的测定

N. 除尘器阻力和除尘效率的测定

O. 空气油烟、酸雾过滤装置净化效率的测定

P. 送、回风口空气状态参数的测定与调整

Q. 空调机组性能参数测定与调整

R. 室内空气温度与相对湿度测定与调整

S. 室内噪声测定

> **细说考点**
>
> 1. 通风（空调）系统试运转及调试一般包括设备单体试运转、联合试运转、综合效能试验。
>
> 2. 以上题目考核的是设备单体试运转的内容，那么剩下的两个试验内容又是什么呢？下面以题目的形式体现：
>
>   (1) 通风空调系统中的联合试运转内容包括（FIJK）。
>
>   (2) 通风空调系统中的通风、除尘系统综合效能试验的内容包括（LMNO）。
>
>   (3) 通风空调系统综合效能试验的内容包括（PQRS）。
>
> 3. 此外，对于恒温恒湿空调系统，还应包括：室内温度、相对湿度场测定与调整，室内气流组织测定以及室内静压测定与调整。
>
>   对于洁净空调系统，还应增加：室内空气净化度测定，室内单向流截面平均风速和均匀度的测定，室内浮游菌和沉降菌的测定，以及室内自净时间的测定。

考点 24　通风空调工程计量

（题干）依据《通用安装工程工程量计算规范》GB 50856—2013 的规定，通风空调工程中过滤器的计量方式有（AD）。

A. 以台计量，按设计图示数量计算

B. 以组计量，按设计图示数量计算

C. 以个计量，按设计图示数量计算

D. 以面积计量，按设计图示尺寸的过滤面积计算

E. 以面积计量，按设计图示以展开面积平方米计算

F. 以 m 计量，按设计图示中心线以长度计算

G. 以 m^2 计量，按设计图示内径尺寸以展开面积计算

H. 以 m^2 计量，按设计图示外径尺寸以展开面积计算

I. 以 m^2 计量，按设计图示尺寸以展开面积计算

J. 以节计量，按设计图示数量计算

细说考点

本考点还会考核的题目有：

(1) 依据《通用安装工程工程量计算规范》GB 50856—2013 的规定，通风空调工程中空气加热器（冷却器）、除尘设备、风机盘管、表冷器、净化工作台、风淋室、洁净室、除湿机、人防过滤吸收器的计量方式是（A）。

(2) 依据《通用安装工程工程量计算规范》GB 50856—2013 的规定，通风空调工程中密闭门、挡水板、滤水器溢水盘、金属壳体的计量方式是（C）。

(3) 依据《通用安装工程工程量计算规范》GB 50856—2013 的规定，通风空调工程中碳钢通风管道、净化通风管道、不锈钢板通风管道、铝板通风管道、塑料通风管道的计量方式是（G）。

(4) 依据《通用安装工程工程量计算规范》GB 50856—2013 的规定，通风空调工程中玻璃钢通风管道、复合型风管的计量方式是（H）。【2016 年】

(5) 依据《通用安装工程工程量计算规范》GB 50856—2013 的规定，通风空调工程中柔性软风管的计量方式是（FJ）。【2013 年】

(6) 依据《通用安装工程工程量计算规范》GB 50856—2013 的规定，通风空调工程中弯头导流叶片的计量方式是（BE）。

(7) 依据《通用安装工程工程量计算规范》GB 50856—2013 的规定，通风空调工程中温度、风量测定孔的计量方式是（C）。

(8) 依据《通用安装工程工程量计算规范》GB 50856—2013 的规定，通风空调工程中柔性接口的计量方式是（I）。

(9) 依据《通用安装工程工程量计算规范》GB 50856—2013 的规定，通风空调工程中静压箱的计量方式是（CI）。

考点 25　热力管道的敷设方式

(题干) 从技术和经济角度考虑，在人行频繁、非机动车辆通行的地方敷设热力管道，宜采用的敷设方式为（B）。

A. 低支架敷设　　　　　　　　　　　B. 中支架敷设【2017 年】
C. 高支架敷设　　　　　　　　　　　D. 通行地沟敷设
E. 半通行地沟敷设　　　　　　　　　F. 不通行地沟敷设【2018 年】
G. 直接埋地敷设

细说考点

1. 关于热力管道的架空敷设：
(1) 在热力管道的敷设方式中，（A）是沿工厂围墙或平行公路、铁路布置，管道保温结构底部距地面的净高不小于0.3m，以防雨、雪的侵蚀。

(2) 在热力管道跨越公路或铁路时应采用的敷设方式是 (C)。

2. 关于热力管道的地沟敷设：

(1) 当热力管道通过不允许开挖的路段时；热力管道数量多或管径较大；地沟内任一侧管道垂直排列宽度超过1.5m时，应采用的敷设方式是 (D)。

(2) 当热力管道数量少、管径较小、距离较短，以及维修工作量不大时，宜采用的敷设方式是 (F)。【2018年】

热力管道地沟内管道敷设时，管道保温层外壳与沟壁的净距宜为150~200mm，与沟底的净距宜为100~200mm，与沟顶的净距：不通行地沟为50~100mm，半通行和通行地沟为200~300mm。

3. 关于热力管道的直接埋地敷设

直接埋地敷设要求在补偿器和自然转弯处应设不通行地沟【2014年】，沟的两端宜设置导向支架【2012年】，保证其自由位移。在阀门等易损部件处，应设置检查井。

考点26　热力管道的安装

(题干) 下列表述中，与热力管道安装要求相符的是 (ABCDEFG)。

A.热力管道应设有坡度，汽、水同向流动的蒸汽管道坡度一般为3‰，汽、水逆向流动时坡度不得小于5‰。热水管道应有不小于2‰的坡度，坡向放水装置

B.蒸汽支管应从主管上方或侧面接出，热水管应从主管下部或侧面接出

C.水平管道变径时应采用偏心异径管连接，当输送介质为蒸汽时，取管底平，以利排水；输送介质为热水时，取管顶平，以利排气【2012年、2016年】

D.蒸汽管道一般敷设在其前进方向的右侧，凝结水管道敷设在左侧

E.直接埋地管道穿越铁路、公路时交角不小于45°，管顶距铁路轨面不小于1.2m，距道路路面不小于0.7m，并应加设套管，套管伸出铁路路基和道路边缘不应小于1m

F.减压阀应垂直安装在水平管道上，安装完毕后应根据使用压力调试

G.减压阀组一般设在离地面1.2m处，如设在离地面3m左右处时，应设置永久性操作平台

细说考点

以上题目的选项就是热力管道的安装要点，每一个选项都可以成为一个独立的采分点，大家一定要背过每个选项，特别是其中的数字部分。

考点27　压缩空气站设备

(题干) 能够减弱压缩机排气的周期性脉动，稳定管网压力，同时可进一步分离空气中的油和水分，此压缩空气站设备是 (D)。

A. 空气压缩机【2011年、2013年、2016年】
B. 空气过滤器【2013年、2017年】
C. 后冷却器【2012年、2017年】
D. 贮气罐【2015年】
E. 油水分离器【2017年】
F. 空气干燥器【2017年】

> **细说考点**
>
> 1. 还可能考核的题目有：压缩空气站设备组成中，除空气压缩机、贮气罐外，还有（BCEF）。【2017年】
> 2. 关于A选项（空气压缩机），还应当掌握的内容有：压缩空气站中，最广泛采用的是活塞式空气压缩机【2016年】。在大型压缩空气站中，较多采用离心式或轴流式空气压缩机【2011年、2013年】。
> 3. 关于B选项（空气过滤器），还应当掌握的内容有：应用较广的空气过滤器有金属网空气过滤器、填充纤维空气过滤器、自动浸油空气过滤器和袋式过滤器等。【2013年】
> 4. 关于C选项（后冷却器），应当知道：常用的后冷却器有列管式、散热片式、套管式等。【2012年】
>
> 本考点内容虽然在教材中所占篇幅不多，但是考核的频率却很高，只是难度不大，大家要多看几遍，一定要拿到这道题的分数。

考点28　压缩空气管道的安装

（题干）压缩空气管道安装时，一般应遵循的施工技术要求有（ABCDEFGH）。
A. 压缩空气管道输送低压流体常用焊接镀锌钢管、无缝钢管
B. 公称通径小于50mm的压缩空气管道，可采用螺纹连接
C. 公称通径大于50mm的压缩空气管道，宜采用焊接方式连接【2011年、2013年】
D. 管路弯头应尽量采用煨弯，其弯曲半径一般为4D，不应小于3D【2011年】
E. 从总管或干管上引出支管时，必须从总管或干管的顶部引出，接至离地面1.2～1.5m处，并装一个分气筒
F. 管道应按气流方向设置不小于2‰的坡度，干管的终点应设置集水器【2011年】
G. 压缩空气管道安装完毕后，应进行强度和严密性试验
H. 强度及严密性试验合格后进行气密性试验，试验介质为压缩空气或无油压缩空气

> **细说考点**
>
> 1. 注意B、C选项，这里可以单独出一道单项选择题，题目可能会这样设置：公称直径为80mm的压缩空气管道，其连接方式宜采用（焊接）。

2.关于管道试验应注意：安装完毕后应进行强度和严密性试验，这两个试验合格后才是气密性试验。

考点29　夹套管安装

（题干）下列关于夹套管安装要点的说法，正确的是（ABCDEFGHIJK）。
A.夹套管安装应在有关设备、支吊架就位、固定、找平后进行
B.直管段对接焊缝的间距，内管不应小于200mm，外管不应小于100mm
C.环向焊缝距管架的净距不应小于100mm，且不得留在过墙或楼板处
D.夹套管的支承块在同一位置应设置3块，管道水平安装时，其中2块支承块应对地面跨中布置，夹角为110°~120°；管道垂直安装时，3块支承块应按120°夹角均匀布置
E.夹套管穿墙、平台或楼板，应装设套管和挡水环
F.内管有焊缝时，该焊缝应进行100%射线检测，并经试压合格后，方可封入外管
G.内管加工完毕后，焊接部位应裸露进行压力试验
H.真空系统在严密性试验合格后，在联动试运转时，应以设计压力进行真空度试验，时间为24h，系统增压率不大于5%为合格
I.联苯热载体夹套的外管，应用联苯、氮气或压缩空气进行试验，不得用水进行压力试验【2011年】
J.夹套管安装构成系统后，应进行内、外管的吹扫工作
K.蒸汽夹套管系统安装完毕后，应用低压蒸汽吹扫，正确的吹扫顺序应为主管→支管→夹套管环隙【2017年】

细说考点

1.本考点同样要着重记忆各选项中的数字部分。
2.对于I选项，曾以单项选择题的形式这样考核过：
联苯热载体夹套管安装完成后，对其外管进行压力试验时，应采用的试验介质除联苯外，还可采用（AB）。【2011年】
　　A.压缩空气　　　　　　　　B.氮气
　　C.水蒸气　　　　　　　　　D.水
3.关于夹套管还曾经考核过这样一道题目：
夹套管由内管和外管组成，当内管物料压力为0.8MPa、工作温度为300℃时，外管和内管之间的工作介质应选（A）。【2012年】
　　A.联苯热载体　　　　　　　B.蒸汽
　　C.热空气　　　　　　　　　D.热水
这道题目考核的是夹套管的分类，这也是个不错的采分点，大家要掌握。

考点 30　合金钢管安装

(题干) 下列关于合金钢管安装的说法，正确的是（ABCDE）。

A. 合金管道宜采用机械方法切断

B. 合金钢管道的焊接，底层应采用手工氩弧焊【2011 年、2017 年】

C. 合金钢管焊接应进行焊前预热和焊后热处理

D. 焊后热处理应在焊接完毕后立即进行

E. 合金钢管道若不能及时进行热处理的，则应焊接后冷却至 300～350℃时进行保温，使之缓慢冷却

> **细说考点**
> 关于 B 选项：底层应采用手工氩弧焊，那么上层呢？大家要记住，上层可用手工电弧焊接成型。

考点 31　不锈钢管道安装

(题干) 下列关于不锈钢管道安装的说法中，正确的是（ABCDEFGHIJK）。

A. 不锈钢管道安装时，表面不得出现机械损伤

B. 不锈钢管道宜采用机械和等离子切割机等进行切割【2016 年】

C. 不锈钢管坡口宜采用机械、等离子切割机、砂轮机等制作，用等离子切割机加工坡口必须打磨掉表面的热影响层，并保持坡口平整【2011 年】

D. 不锈钢管焊接一般可采用手工电弧焊及氩弧焊【2019 年】

E. 为保证薄壁不锈钢管内壁焊接成型平整光滑，应采用的焊接方式为钨极惰性气体保护焊【2017 年】

F. 壁厚为 5mm 的不锈钢管道安装时，应采用的焊接方法为氩电联焊【2013 年】

G. 不锈钢管道焊接时，应在焊口两侧各 100mm 范围内，采取防护措施，防止焊接时的飞溅物沾污焊件表面

H. 奥氏体不锈钢焊缝要求进行钝化处理后应用水冲洗，呈中性后应擦干水迹

I. 法兰连接可采用焊接法兰、焊环活套法兰、翻边活套法兰

J. 不锈钢管道安装时不得用铁质的工具及材料敲击和挤压

K. 不锈钢管组对时，管口组对卡具应采用硬度低于管材的不锈钢材料制作，最好采用螺栓连接形式

> **细说考点**
> 1. B 选项是不锈钢管道的切割方法。在 2016 年曾以单项选择题的形式进行过考核，对于切割方法可设置的干扰项有：氧—乙烷火焰切割；氧—氢火焰切割；碳氢气

割等。

2. 注意区分 E 选项和 F 选项。

考点 32　铝及铝合金管道安装

（题干）铝及铝合金管道安装应符合的要求有（ABCDEFG）。

A. 铝及铝合金管的切割可用手工锯条、机械（锯床、车床等）及砂轮机，不得使用火焰切割

B. 铝及铝合金管的坡口宜采用机械加工，不得使用氧—乙炔等火焰

C. 铝及铝合金管连接一般采用焊接和法兰连接

D. 铝及铝合金管在焊接后应使焊缝接头在空气中自然冷却

E. 热轧铝管的支架间距可按相同管径和壁厚的碳钢管支架间距的 2/3 选取，冷轧硬化铝管按相应碳钢管的 3/4 间距选取

F. 铝及铝合金管道安装时，管道和支架之间需垫毛毡、橡胶板、软塑料等进行隔离【2011 年】

G. 铝及铝合金管道保温时，不得使用石棉绳、石棉板、玻璃棉等带有碱性的材料，应选用中性的保温材料【2012 年】

细说考点

1. 关于 A 选项：在考核铝及铝合金管的切割方法时，可能会将火焰切割作为一个干扰项。

2. 关于 B 选项：在考核铝及铝合金管的坡口加工形式时，可能会将氧—乙炔加工作为干扰项。

3. 关于 C 选项中的焊接再补充一个知识点：

焊接可采用手工钨极氩弧焊、氧—乙炔焊及熔化极半自动氩弧焊；当厚度大于 5mm 时，焊前应全部或局部预热至 150~200℃；氧—乙炔焊主要用于焊接纯铝、铝锰合金、含镁较低的铝镁合金和铸造铝合金以及铝合金铸件的补焊；采用氧—乙炔焊时，焊前预热温度不得超过 200℃。

考点 33　衬胶管道

（题干）下列关于衬胶管道相关事项的说法中，正确的是（ABCDEFGHIJK）。

A. 衬胶管的衬里一般不单独采用软橡胶，通常采用硬橡胶或半硬橡胶，或采用硬橡胶（半硬橡胶）与软橡胶复合衬里【2012 年】

B. 衬胶管的使用压力一般低于 0.6MPa，真空度不大于 0.08MPa（600mmHg）

C. 硬橡胶衬里的长期使用温度为 0~65℃，短时间加热允许至 80℃

D. 半硬橡胶、软橡胶及硬橡胶复合衬里的使用温度为-25~75℃，软橡胶衬里短时间加热允许至100℃

E. 衬胶管道的管材大多采用无缝钢管【2011年】

F. 衬胶管的管道焊接应采用对焊

G. 衬胶管管段及管件的机械加工、焊接、热处理等应在衬里前进行完毕，并经预装、编号、试压及检验合格【2013年】

H. 防腐衬里管道未衬里前应先预安装

I. 防腐衬里管道的第一次安装装配不允许强制对口硬装

J. 衬胶管道安装时，不得再进行施焊、局部加热、扭曲或敲打

K. 衬里管道安装应采用软质或半硬质垫片，安装时垫片应放正，必要时可用斜垫片调正连接口

细说考点

1. 注意区分C、D选项，可能会在考核过程中，互为干扰项。
2. E选项，可能会设置的干扰项有：直缝焊管、螺旋缝焊管、镀锌钢管。

考点34 高压钢管、螺纹及阀门的检验

（题干）下列关于高压钢管、螺纹及阀门的检验的表述，正确的是（ABCDEFGHI）。

A. 高压钢管的验收应分批进行，每批钢管应是同规格、同炉号、同热处理条件

B. 外径大于35mm的高压钢管，应有代表钢种的油漆颜色和钢号、炉罐号、标准编号及制造厂的印记

C. 高压钢管验收时，如有证明书与到货钢管的钢号或炉罐号不符、钢管或标牌上无钢号与炉罐号、证明书上的化学成分或力学性能不全时，应进行校验性检查

D. 对高压钢管进行校验性检查时，当管外径大于或等于35mm时应做压扁试验【2013年】

E. 高压钢管在校验性检查中，如有不合格项目，须以加倍数量的试样复查，复查只进行原来不合格的项目

F. 对非磁性高压钢管进行外表面无损探伤，应采用的方法是荧光法或着色法【2011年】

G. 高压管有轻微机械损伤或断面不完整的螺纹，全长累计不应大于1/3圈

H. 高压管道阀门安装前应逐个进行强度和严密性试验，强度试验压力等于阀门公称压力的1.5倍，严密性试验压力等于公称压力【2015年】

I. 高压阀门应每批取10%且不少于一个进行解体检查

细说考点

1. 关于B选项，还需要补充一点：当外径小于35mm时应做冷弯试验。
2. 对于高压钢管外表面的探伤方法，除了F选项所述的这一种情况外，还有一种情形是：公称直径大于6mm的磁性高压钢管采用磁力法。

3. 最后再补充一个知识点：高压管件的选用。

高压管件是指三通、弯头、异径管、活接头、温度计套管等配件。高压管件一般采用高压钢管焊制、弯制和缩制。【2014年】

焊接三通由高压无缝钢管焊制而成，其接口连接形式可加工成（焊接坡口、透镜垫密封法兰接口和平垫密封法兰接口）三种。

高压管道的弯头和异径管可在施工现场用高压管子弯制和缩制，也可采用加工单位制造的不带直边的小曲率弯头和带直边的弯头及异径管。

高压螺纹管丝头用于管子与带法兰的附件和设备的连接。高压管道除采用法兰接口外，也可采用活接头，用于管道需拆开处。

考点35 工业管道工程计量

(题干) 依据《通用安装工程工程量计算规范》GB 50856—2013 的规定，工业管道工程中各种管道安装工程量的计量方式是（A）。

A. 按设计管道中心线长度以"延长米"计算　　B. 按设计图示数量以"个"计算
C. 按设计图示数量以"个"计算　　　　　　　　D. 按设计图示数量以"副（片）"计算
E. 按设计图示质量以"t"计算　　　　　　　　　F. 按设计图示质量以"kg"计算
G. 按管材无损探伤长度以"m"计算　　　　　　H. 按管材表面探伤检测面积以"m²"计算

细说考点

1. 关于工业管道工程相关工程量计算规则，还可能考核的内容有：

(1) 依据《通用安装工程工程量计算规范》GB 50856—2013 的规定，工业管道工程中弯头、三通、四通、异径管、管接头、管上焊接管接头、管帽、仪表温度计扩大管的制作安装的计量方式是（B）。

(2) 依据《通用安装工程工程量计算规范》GB 50856—2013 的规定，工业管道工程中阀门的计量方式是（C）。

(3) 依据《通用安装工程工程量计算规范》GB 50856—2013 的规定，工业管道工程中法兰的计量方式是（D）。

(4) 依据《通用安装工程工程量计算规范》GB 50856—2013 的规定，工业管道工程中板卷管和管件制作的计量方式是（E）。

(5) 依据《通用安装工程工程量计算规范》GB 50856—2013 的规定，工业管道工程中管架制作安装的计量方式是（F）。

(6) 依据《通用安装工程工程量计算规范》GB 50856—2013 的规定，工业管道工程中管材表面超声波探伤的计量方式是（GH）。

2. 在2016年的考试中，还曾考核过这样一道题目：

依据《通用安装工程工程量计算规范》GB 50856—2013 的规定，执行"工业管道工程"相关项目的有（A）。

A. 厂区范围内的各种生产用介质输送管道安装
B. 厂区范围内的各种生活介质输送管道安装
C. 厂区范围内生产、生活共用介质输送管道安装
D. 厂区范围内的管道除锈、刷油及保温工程

与本题相关的采分点有：

(1)"工业管道工程"适用于厂区范围内的车间、装置、站、罐区及其相互之间各种生产用介质输送管道和厂区第一个连接点以内生产、生活共用的输送给水、排水、蒸汽、燃气的管道安装工程。

(2) 厂区范围内的生活用给水、排水、蒸汽、燃气的管道安装工程执行给排水、采暖、燃气工程相应项目。

(3) 仪表流量计，应按自动化控制仪表安装工程相关项目编码列项。

(4) 管道、设备和支架除锈、刷油及保温等内容，除注明者外均应按刷油、防腐蚀、绝热工程相关项目编码列项。

(5) 组装平台搭拆、管道防冻和焊接保护、特殊管道充气保护、高压管道检验、地下管道穿越建筑物保护等措施项目，应按措施项目相关项目编码列项。

考点36　压力容器的分类

（题干） 依据《固定式压力容器安全技术监察规程》TSG 21—2016，设计压力大于或等于1.6MPa，且小于10MPa的压力容器是指（C）。

A. 超高压容器　　　　　　　　B. 高压容器【2017年】
C. 中压容器　　　　　　　　　D. 低压容器
E. 反应压力容器【2019年】　　F. 换热压力容器
G. 分离压力容器　　　　　　　H. 储存压力容器
I. 金属设备　　　　　　　　　J. 非金属设备

细说考点

1. 这又是一个关于分类的考点，首先应能够根据分类依据，进行正确的归类。

(1) 依据《固定式压力容器安全技术监察规程》TSG 21—2016，压力容器按设计压力的不同可分为（ABCD）。

(2) 依据《固定式压力容器安全技术监察规程》TSG 21—2016，压力容器按在生产工艺过程中作用原理的不同可分为（EFGH）。

(3) 依据《固定式压力容器安全技术监察规程》TSG 21—2016，压力容器按制造设备所用材料的不同可分为（IJ）。

2.掌握每一压力容器的特性及适用范围，做到能依据题干中给出的相关信息，正确做出选择。还可能会作为考试的题目有：

(1) 依据《固定式压力容器安全技术监察规程》TSG 21—2016，设计压力大于或等于100MPa的压力容器是（A）。

(2) 依据《固定式压力容器安全技术监察规程》TSG 21—2016，设计压力大于或等于10MPa，且小于100MPa的压力容器是（B）。【2017年】

(3) 依据《固定式压力容器安全技术监察规程》TSG 21—2016，设计压力大于或等于0.1MPa，且小于1.6MPa的压力容器是（D）。

(4) 依据《固定式压力容器安全技术监察规程》TSG 21—2016，主要用于完成介质的物理、化学反应的压力容器是（E）。

(5) 依据《固定式压力容器安全技术监察规程》TSG 21—2016，主要用于完成介质间热量交换的压力容器是（F）。

(6) 依据《固定式压力容器安全技术监察规程》TSG 21—2016，主要用于完成介质的流体压力平衡缓冲和气体净化分离等的压力容器是（G）。

(7) 依据《固定式压力容器安全技术监察规程》TSG 21—2016，主要是用于储存或者盛装气体、液体、液化气等介质的压力容器是（H）。

(8) 依据《固定式压力容器安全技术监察规程》TSG 21—2016，反应器、反应釜、分解锅、聚合釜、合成塔、变换炉、煤气发生炉等属于（E）。

(9) 依据《固定式压力容器安全技术监察规程》TSG 21—2016，各种热交换器、冷却器、冷凝器、蒸发器等属于（F）。

(10) 依据《固定式压力容器安全技术监察规程》TSG 21—2016，各种分离器、过滤器、集油器、洗涤器、吸收塔、铜洗塔、干燥塔等属于（G）。

考点37 塔设备分类与性能

（题干）某塔设备不易发生漏液现象，有较好的操作弹性，对于各种物料的适应性强。但塔板结构复杂，金属耗量大，造价高。该塔设备为（A）。

A.泡罩塔　　　　　　　　　　　B.筛板塔【2011年、2012年、2014年】
C.浮阀塔　　　　　　　　　　　D.喷射型塔
E.填料塔【2013年】

细说考点

1.塔设备可分为板式塔与填料塔两大类，选项A~D属于板式塔。

2.上述题干是根据给出的某塔设备的特性来判断具体是哪种塔。在考试中也基本采用这一问法，下面我们来梳理一下本考点的历年考试题目及以后可能会考的题目：

(1) 某塔设备其结构简单、金属耗量少,气体压降小,生产能力较高,但操作弹性范围较窄,此种塔为(B)。【2011年、2012年、2014年】

(2) 某塔设备其生产能力大,操作弹性大,塔板效率高,气体压降及液面落差较小,塔造价较低,广泛用于化工及炼油生产中,此种塔为(C)。

(3) 塔结构简单、阻力小、可用耐腐蚀材料制造,尤其对于直径较小的塔,在处理有腐蚀性物料或减压蒸馏时,具有明显的优点。此种塔设备为(E)。【2013年】

3.对于填料塔,除了考核其性能外还多次对填料要求进行了考核,下面以判断说法正确与否的形式将重要采分点列出:

填料是填料塔的核心,填料塔操作性能的好坏与所用的填料有直接关系。下列有关填料的要求正确的是(ABCD)。

A.填料除了要有较大的比表面积之外,还要有良好的润湿性能及有利于液体在填料上均匀分布的形状【2011年、2013年、2016年】

B.填料应有较高的空隙率【2011年、2013年、2016年】

C.从经济、实用及可靠的角度出发,要求单位体积填料的重量轻、造价低,坚固耐用,不易堵塞,有足够的力学强度,对于气、液两相介质都有良好的化学稳定性【2016年】

D.新型波纹填料可采用不锈钢、铜、铝、纯钛、钼钛等材质制作【2016年】

考点38 换热器的分类与性能

(题干)传热系数较小,传热面受到容器限制,只适用于传热量不大的场合,该换热器为(A)。

A.夹套式换热器【2014年】　　　　　　B.沉浸式蛇管换热器
C.喷淋式蛇管换热器【2011年】　　　　D.套管式换热器
E.固定管板式热换器【2011年】　　　　F.U形管换热器【2012年】
G.填料函式列管换热器　　　　　　　　H.浮头式换热器
I.板片式换热器　　　　　　　　　　　J.非金属换热器

细说考点

1.对于这一考点主要还是要掌握各类型换热器的性能。本考点还可能作为考试的题目有:

(1) 某换热器结构简单、价格低廉、便于防腐,能承受高压但总传热系数K值较小,该换热器是(B)。

(2) 具有便于检修和清洗、传热效果较好等优点,但喷淋不易均匀,多用作冷却器的换热器是(C)。

(3) 某换热器构造较简单，能耐高压，传热面积可根据需要而增减，管间接头较多，易发生泄漏，该换热器是 (D)。

(4) 某换热器两端管板和壳体连接成一体，具有结构简单和造价低廉的优点。但壳程不易检修和清洗，不宜用于两流体的温差较大和壳方流体压强过高的场合。该换热器是 (E)。

(5) 某换热器结构较简单，重量轻，适用于高温和高压场合。但管内清洗比较困难，管板利用率差。该换热器是 (F)。

(6) 应用较为普遍，但结构较复杂，金属耗量较多，造价较高的换热器是 (H)。

(7) 某换热设备结构简单，制造方便，易于检修清洗，适用于温差较大、腐蚀严重的场合。此种换热器为 (G)。

(8) 螺旋板式换热器、板式换热器和板翅式换热器属于 (I)。

2.在历年考试中除了采用以上问法外还会直接考核某一换热器的特性，例如：

(1) 与沉浸式蛇管换热器相比，喷淋式蛇管换热器的主要优点是 (C)。【2011年】

A. 便于防腐　　　　　　　　B. 能承受高压

C. 便于检修和清洗　　　　　D. 喷淋较均匀

(2) 固定管板换热器的特点有 (CD)。【2011年】

A. 传热面积可适当调整

B. 当两流体温差较大时，应加补偿圈

C. 两端管板和壳体连接成一体

D. 结构简单、造价低廉

(3) U形管换热器和其他列管式换热器相比较，具有的优势为 (AD)。【2012年】

A. 适用于高温和高压场合　　B. 管板利用率高

C. 管内易清洗　　　　　　　D. 重量轻

其实第二种问法难度稍大些，因为会以多项选择题的形式进行考核，只要有一项记错可能就会少得或不得分。所以大家一定要把各类特性记牢了，这里建议大家多做些题，加深记忆。

考点39　球罐的质量检验

（题干）下列关于球罐质量检验相关内容的说法中，正确的是 (ABCDEFG)。

A.球罐安装完成后，要进行相应的检验，以保证球罐的质量，正确的质检次序为：焊缝检查→水压试验→气密性试验【2012年】

B.焊缝检查包括外观检查、焊缝内在质量的检验

C.球罐水压试验压力应为设计压力的1.25倍

D.球罐试验用水应为清洁的工业用水

E.球罐水压试验过程中要进行基础沉降观测，观测应分别在充水前、充水到1/3、充水

到 2/3 球罐本体高度、充满水 24h 和放水后各个阶段进行观测,并做好实测记录【2011 年、2014 年】

F. 球罐经水压试验合格后要再进行一次磁粉探伤或渗透探伤,排除表面裂纹及其他缺陷后,再进行气密性试验

G. 球罐气密性试验要在球罐各附件安装完毕、压力表、安全阀、温度计经过校验合格后进行

细说考点

1. 关于 B 选项:球罐焊缝内在质量检验的具体手段有射线探伤、超声波探伤、磁粉探伤和渗透探伤。

2. 选项 C~F 是关于球罐水压试验的相关知识,重点掌握 E 选项中的基础沉降观测时点,这里曾两次以多项选择题的形式进行过考核。对于球罐水压试验我们还需要知道进行水压试验前,球罐应具备的条件,即:
(1) 本体及附件的组装、焊接和检验工作全部结束;
(2) 需要进行焊后整体热处理的球罐热处理工作已全部结束,并检验合格;
(3) 基础二次灌浆已达到设计强度;
(4) 支柱拉撑杆调整紧固完毕;
(5) 工卡具定位焊痕迹打磨完毕,并检验合格。

考点 40 气柜安装质量检验

(题干) 根据焊接规范要求,应对气柜安装质量进行检验,以下操作正确的是(ABCDEF)。

A. 气柜壁板所有对焊焊缝均应经煤油渗透试验【2013 年、2014 年】

B. 下水封的焊缝应进行注水试验【2014 年】

C. 当钢板厚度为 8mm 以上时,水槽壁对接焊缝应进行无损探伤检查,立焊缝的抽查数量不少于 10%,环缝的抽查数量不少于 5%【2014 年】

D. 气柜底板的严密性试验可采用真空试漏法或氨气渗漏法【2014 年】

E. 气柜施工完后,经检查合格后应进行注水试验,注水要分次进行,试验时间不应少于 24h

F. 气柜气密试验和快速升降试验的目的是检查各中节、钟罩在升降时的性能能和各导轮、导轨、配合及工作情况,以及整体气柜密封的性能【2012 年】

细说考点

1. 选项 A 可能会设置的干扰选项:(1) 气柜壁板所有对焊焊缝均应作真空试漏试验;(2) 气柜壁板所有对焊焊缝均应作压缩空气试验;(3) 气柜壁板所有对焊焊缝均应作氨气渗漏试验。

2. 关于选项C可能会从两处设置干扰项，第一处是"数字处"，即"8mm以上"、"10％"、"5％"；第二处是"应进行无损探伤检查"，这里可能会设置的干扰选项是"氦气渗漏试验""压缩空气试验"等。

3. 记住D选项中的两个方法；记住E选项中"分次进行"、"24h"等关键字。

考点41 静置设备工程量计算规则

（题干）依据《通用安装工程工程量计算规范》GB 50856—2013，静置设备安装工程量计量时，以"台"为计量单位的是（ABCDEFGH）。

A. 静置设备容器制作　　　　　　　　B. 静置设备塔器制作
C. 静置设备整体容器安装　　　　　　D. 静置设备整体塔器安装
E. 热交换器类设备安装　　　　　　　F. 金属油罐中拱顶罐制作安装
G. 球形罐组对安装　　　　　　　　　H. 气柜制作安装【2013年】
I. 火炬及排气筒制作安装【2017年】

细说考点

1. 关于计量单位，还会作为考题出现的题目有：

依据《通用安装工程工程量计算规范》GB 50856—2013，静置设备安装工程量计量时，以"座"为计量单位的是（I）。

2. 本考点除了考核计量单位外还会考核工作内容，例如：

依据《通用安装工程工程量计算规范》GB 50856—2013，静置设备安装中的整体容器安装项目，根据项目特征描述范围，其他工作内容包括容器安装，吊耳制作，安装外，还包括（BCD）。【2016年】

A. 设备填充　　　　　　　　B. 压力试验
C. 清洗、脱脂、钝化　　　　D. 灌浆

学习这部分内容，还是列表比较直观：

工程项目	工作内容
静置设备容器制作	①本体制作；②附件制作；③容器本体平台、梯子、栏杆、扶手制作、安装；④预热、后热；⑤压力试验
静置设备塔器制作	①本体制作；②附件制作；③塔本体平台、梯子、栏杆、扶手制作、安装；④预热、后热；⑤压力试验
静置设备整体容器安装	①安装；②吊耳制作、安装；③基础灌浆【2016年】
静置设备整体塔器安装	①塔安装；②吊耳制作、安装；③塔盘安装；④设备填充；⑤基础灌浆

续表

工程项目	工作内容
热交换器类设备安装	①安装；②地面抽芯检查；③基础灌浆
金属油罐中拱顶罐制作安装	①罐本体制作、安装；②型钢圈煨制；③充水试验；④卷板平直；⑤拱顶罐临时加固件制作、安装与拆除；⑥本体梯子、平台、栏杆制作安装；⑦附件制作、安装
球形罐组对安装	①罐形罐吊装；②产品试板试验；③焊缝预热、后热；④球形罐水压试验；⑤球形罐气密性试验；⑥基础灌浆；⑦支柱耐火层施工；⑧本体梯子、平台、栏杆制作安装
气柜制作安装	①气柜本体制作、安装；②焊缝热处理；③型钢圈煨制；④配重块安装；⑤气柜充水、气密、快速升降试验；⑥平台、梯子、栏杆制作安装；⑦附件制作安装；⑧二次灌浆
火炬及排气筒制作安装	①筒体制作组对；②塔架制作组装；③火炬、塔架、筒体吊装；④火炬头安装；⑤二次灌浆

第六章
电气和自动化控制工程

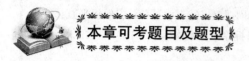
本章可考题目及题型

考点1　变电所的类别

（题干）变电所按其在供配电系统中的地位和作用以及装设位置可分为（ABCDE）。
A. 总降压变电所　　　　　　　　B. 车间变电所
C. 独立变电所　　　　　　　　　D. 杆上变电所
E. 建筑物及高层建筑物变电所

细说考点

1. 首先我们了解下变电所工程。变电所工程是：包括高压配电室、低压配电室、控制室、变压器室、电容器室五部分的电气设备安装工程。高压配电室、电容器室的作用在2014年、2015年考试的选做题型中考查过，考查形式是"变配电工程中，×××的主要作用是（　　）"。下面把这五部分的作用给大家做下总结：

五部分	作用
高压配电室	接受电力【2015年】
低压配电室	分配电力（要求：尽量靠近变压器室）【2011年】
控制室	预告信号【2018年】
变压器室	把高压电转换成低压电
电容器室	提高功率因数【2014年】

2. 关于变电所的分类，我们需要学习一下这几个题：

（1）对大中型企业，由于负荷较大，往往采用35kV（或以上）电源进线，一般降压至10kV或6kV，再向各车间变电所和高压用电设备配电，这种变电所称为（A）。

（2）安装在室外电杆上或在专门的变压器台墩上，一般用于负荷分散的小城市居民区和工厂生活区以及小型工厂和矿山等。这种变电所称为（D）。

（3）民用建筑中经常采用的变电所形式，变压器一律采用干式变压器，高压开关一般采用真空断路器，也可采用六氟化硫断路器，但通风条件要好，从防火安全角度考虑，一般不采用少油断路器。这种变电所称为（E）。【2013年、2016年】

考点 2 高压变配电设备

(题干) 具有简单的灭弧装置,能通断一定的负荷电流和过负荷电流,但不能断开短路电流的高压变配电设备是（A）。

A. 配电变压器 B. 高压断路器
C. 高压隔离开关 D. 高压负荷开关【2014 年、2018 年】
E. 高压熔断器 F. 互感器
G. 避雷器 H. 高压开关柜

细说考点

1. 针对 A 选项,需要掌握配电变压器的分类,可能考查的题目:
(1) 变压器按功能分为（升压变压器和降压变压器）。
(2) 变压器按绕组数分为（双绕组变压器和三绕组变压器）。
(3) 变压器按绕组导体的材质分为（铜绕组变压器和铝绕组变压器）。
(4) 变压器按冷却方式和绕组绝缘分为（油浸式变压器、干式变压器）。
(5) 变压器按用途分为（普通变压器和特种变压器）。
在这里考生要注意:油浸式变压器和干式变压器的分类。

2. B 选项,高压断路器按其采用的灭弧介质分有油断路器、六氟化硫（SF_6）断路器、真空断路器等。SF_6 断路器适用于需频繁操作及有易燃、易爆危险的场所,要求其加工精度高,对其密封性能要求更严【2017 年】。六氟化硫断路器的特点作为备考复习重点。可能出现考题的题目:

六氟化硫断路器具有的优点有（ABCDEF）。

A. 150℃ 以下时,化学性能相当稳定【2015 年】
B. 不存在触头氧化问题【2015 年】
C. 具有优良的电绝缘性能【2015 年】
D. 在高温作用下,具有较强的腐蚀性和毒性
E. 无色、无味、无毒且不易燃烧
F. 能与触头的金属蒸气化合为一种具有绝缘性能的白色粉末状的氟化物

3. 高压隔离开关的主要功能是隔离高压电源,以保证其他设备和线路的安全检修。

4. 针对 D 选项,高压负荷开关的特点一般会以"高压负荷开关的特点为（切断工作电流）。"的形式出现。

5. 高压熔断器主要功能是对电路及其设备进行短路和过负荷保护。

6. 互感器包括电流互感器和电压互感器。
(1) 关于电流互感器使用注意事项会以"关于电流互感器的使用,下列说法正确的有（ ）"这种形式考查。

(2) 关于电压互感器需要我们掌握其结构特征，还可以这样命题：

电压互感器由一次绕组、二次绕组、铁芯组成。关于其结构特征的说法正确的有（AB）。

　　A. 一次绕组匝数较多，二次绕组匝数较少【2014 年】

　　B. 一次绕组并联在线路上【2014 年】

　　C. 一次绕组串联在线路上

　　D. 一次绕组匝数较少，二次绕组匝数较多

7. 针对选项 G，需要考生掌握氧化锌避雷器的的优点，在 2013 年、2015 年、2017 都有考查到。考试题型有以下两种：

(1) 具有良好的非线性、动作迅速、残压低、通流容量大、无续流、结构简单、可靠性高、耐污能力强等优点，在电站及变电所中得到了广泛应用的避雷器是（　　）。

(2) 氧化锌避雷器在电站和变电所中应用广泛，其主要的性能特点为（　　）。

8. 针对 H 选项，掌握其分类即可。

考点 3　低压变配电设备

（题干） 敞开装设在金属框架上，保护和操作方案较多，装设地点灵活的低压变配电设备为（B）。

A. SF_6 低压断路器【2013 年】　　　　B. 万能式低压断路器【2013 年】

C. 塑壳式低压断路器【2013 年】　　　　D. 固定式低压断路器【2013 年】

E. RL1B 系列熔断器　　　　　　　　　F. RT0 型有填料封闭管式熔断器

G. NT 系列熔断器　　　　　　　　　　H. 低压配电屏

I. 低压配电箱

细说考点

1. 对于低压变配电设备，我们应该掌握以下题目：

(1) 具有较强的灭弧能力，有限流作用的熔断器是（F）。

(2) 广泛应用于低压开关柜中，适用于 660V 及以下电力网络及配电装置，过载时起保护作用的熔断器是（G）。

2. 低压配电箱按用途分有动力配电箱和照明配电箱。动力配电箱主要用于对动力设备配电，兼向照明设备配电。照明配电箱主要用于照明配电，兼给一些小容量的单相动力设备（家用电器配电）【2014 年】。

考点4　变配电工程安装

(题干) 关于变配电工程安装的说法中，正确的有（ABCDEFGHIJKLMNOPQR）。

A. 变压器、电压互感器、电流互感器、避雷器、隔离开关、断路器一般都装在室外【2017年】

B. 测量系统及保护系统开关柜、盘、屏等安装在室内

C. 柱上安装，要求变压器台及所有金属构件均做防腐处理

D. 变压器室内安装时要求变压器中性点、外壳及金属支架必须可靠接地【2012年】

E. 隔离开关安装在墙上的支架上，应先把支架预埋在墙上，待土建专业的装饰工程完毕后，再安装隔离开关，操作机构与隔离开关应同时安装

F. 阀型避雷器应垂直安装

G. 磁吹阀型避雷器组装时，其上下节位置应符合产品出厂的编号，切不可互换

H. 漏电保护器应安装在进户线小配电盘上或照明配电箱内【2011年】

I. 所有照明线路导线，包括中性线在内，均须通过漏电保护器【2011年】

J. 安装漏电保护器后，不能拆除单相闸刀开关或瓷插、熔丝盒等【2011年】

K. 漏电保护器在安装后带负荷分、合开关三次，不得出现误动作【2011年】

L. 电源进线必须接在漏电保护器的正上方，即外壳上标有"电源"或"进线"端

M. 低压母线垂直安装，且支持点间距无法满足要求时，应加装母线绝缘夹板

N. 母线的连接有焊接和螺栓连接两种【2016年】

O. 母线的安装不包括支持绝缘子安装和母线伸缩接头的制作、安装

P. 低压封闭式插接母线安装时，必须按分段图、相序、编号、方向和标志予以正确放置，不得随意互换

Q. 低压封闭式插接母线与外壳间必须同心，其误差不得超过5mm

R. 封闭式母线不得用钢丝绳起吊和绑扎，母线不得任意堆物，不得在地面上拖拉

细说考点

1. 针对A选项，还可以"变压器安装分室外、柱上、室内等三种场所。一般都安装在室外的变压器有（　　）"的形式考查。

2. 针对选项D，还可以"室内变压器安装时，必须实现可靠接地的部件包括（　　）。"

3. 母线按材质可分为铝母线、铜母线和钢母线等三种【2015年】，按形状可分为带形、槽形、管形和组合软母线等四种，按安装方式，带形母线有每相1片、2片、3片和4片，组合软母线有2根、3根、10根、14根、18根和36根等。

考点5 电气线路工程安装

（题干）电缆安装工程施工时，正确的做法为（ABCDEFGHIJKL）。

A. 电缆敷设时，不应破坏电缆沟和隧道的防水层

B. 在三相四线制系统，必须采用四芯电力电缆

C. 并联运行电缆具备相同的型号、规格及长度【2011年】

D. 直埋电缆做波浪形敷设【2011年】

E. 电缆在室外可以直接埋地敷设，经过农田的电缆埋设深度不应小于1m【2015年】

F. 埋地敷设的电缆必须是铠装，并且有防腐保护层

G. 裸钢带铠装电缆不允许埋地敷设【2011年】

H. 当沟底敷设电缆时，1kV的电力电缆与控制电缆间距不应小于100mm

I. 单芯电缆不允许穿入钢管内敷设【2012年、2016年】

J. 敷设电缆管时应有0.1%的排水坡度【2012年、2016年】

K. 电缆穿导管敷设时，管道的内径等于电缆外径的1.5～2倍【2012年、2016年】

L. 当埋地电缆横过厂内马路或厂外公路，且不允许挖开马路或公路路面时，则采用钢管从马路的底部顶穿过去

细说考点

1. 该考点很适合以判断正确与错误说法的题型出现。2011年、2012年、2016年都是以这种题型出现的。

2. E选项还以单项选择题直接考查数字"1"。

3. H选项还可以单项选择题直接考查数字"100"。

4. 关于电缆在室外直接埋地敷设，还可以这样命题：电缆在室外直接埋地敷设时，正确的做法为（EFG）。

5. 关于电缆导管敷设，还可以这样命题：电缆穿导管敷设时，正确的施工方法有（IJK）。

6. 最后我们了解下对电缆安装前检查。

（1）电气线路工程中，电缆安装前进行检查试验，合格后方可进行敷设，对1kV以上的电缆应做的试验为（直流耐压试验）。【2016年】

（2）电力电缆安装前要进行检查，对1kV以下的电缆进行检查的内容是（500V摇表测绝缘）。

（3）当对纸质油浸电缆的密封有怀疑时，应进行（潮湿判断）。

考点6 建筑物的防雷分类

（题干）按建筑物的防雷分类要求，属于第二类防雷建筑物的有（ABCDE）。

A. 大型展览和博览建筑物【2013年】

B. 大型城市的重要给水水泵房【2013年】

C. 大型火车站【2013年】

D. 大型城市的重要给水水泵房

E. 国家级办公建筑物

F. 省级重点文物保护的建筑物【2013年】

G. 省级档案馆

H. 预计累计次数较大的工业建筑物

I. 一般性民用建筑物

> **细说考点**
> 建筑物按防雷要求分为第一类防雷建筑物、第二类防雷建筑物、第三类防雷建筑物。上述内容相互作为干扰选项，还可能考查的题目：
> 按建筑物的防雷分类要求，属于第三类防雷建筑物的有（FGHI）。

考点7　防雷系统安装方法及要求

(题干) 下列防雷系统安装的做法中，正确的有（ABCDEFGHI）。

A. 避雷网在屋脊上水平敷设时，要求支座间距为1m，转弯处为0.5m

B. 避雷网沿支架水平敷设时，支架间距为1m，转弯处为0.5m

C. 装有避雷针的金属筒体，当其厚度不小于4mm时，可作避雷引下线

D. 避雷针（带）与引下线之间的连接应采用焊接或热剂焊（放热焊接）【2017年】

E. 避雷针（带）与引下线及接地装置使用的紧固件均应使用镀锌制品

F. 避雷针及其接地装置应采取自下而上的施工程序

G. 独立避雷针及其接地装置与建筑物的出入口的距离小于3m时，可以采取均压措施

H. 引下线可以采用扁钢和圆钢敷设

I. 当建筑物高度超过30m时，应在建筑物30m以上设置均压环【2019年】

> **细说考点**
> 该考点不仅适合以判断正确与错误说法的题型考查，也可以作为一句话考点，比如2017年对D选项的考查。注意这部分内容中出现的数字。

考点8　接地系统安装方法及要求

(题干) 下列防雷系统安装的做法中，正确的有（ABCDEFGHI）。

A. 防雷接地系统中，常用的接地极有钢管接地极和角钢接地极【2011年】

B. 防雷接地系统安装时，在土壤条件极差的山石地区应采用接地极水平敷设【2018年】

C. 采用接地极水平敷设时，要求接地装置所用材料全部采用镀锌扁钢【2015年】

D. 户外接地母线大部分采用埋地敷设

E. 户外接地母线连接采用搭接焊【2016年】

F. 户外接地母线敷设，搭接长度是：扁钢为厚度的2倍；圆钢为直径的6倍【2014年】

G. 采用圆钢与扁钢连接户外接地母线时，其长度为圆钢直径的6倍

H. 户内接地母线大多是明设，分支线与设备连接部分大多数为埋设

I. 户内接地母线沿建筑物墙壁水平敷设时，离地面距离宜为250～300mm

细说考点

1. 从历年的考试情况来看，对这部分的考查，主要是一句话考点。

2. 针对C选项还可以"采用接地极水平敷设时，要求接地装置所用材料全部采用（　　）"的形式考查。

3. D、E、F还可以这样命题：关于户外接地母线敷设，说法正确的有（　　）。

考点9 电气设备基本试验

(题干) 检验电气设备承受雷电压和操作电压的绝缘性能和保护性能，应采用的检验方法为（H）。

A. 绝缘电阻测试【2012年】　　　　B. 泄漏电流测试【2012年】

C. 直流耐压试验【2012年】　　　　D. 交流耐压试验

E. 介质损耗因数 $\tan\delta$ 测试　　　　F. 电容比的测量

G. 三倍频及工频感应耐压试验　　H. 冲击波试验【2012年】

I. 局部放电试验　　　　　　　　　J. 接地电阻测试

细说考点

我们接着看下面几个题目：

(1) 电压较高，对发现绝缘某些局部缺陷具有特殊的作用，可与泄漏电流试验同时进行的检验方法为（C）。

(2) 具有试验设备轻便、对绝缘损伤小和易于发现设备的局部缺陷等优点。这种试验方法是（C）。

(3) 下列电气设备试验方法中，（D）是鉴定电气设备绝缘强度最直接的方法，是保证设备绝缘水平、避免发生绝缘事故的重要手段。

(4) 检验纤维绝缘的受潮状态宜选用（F）。

(5) 能检验电气设备承受雷电压和操作电压的绝缘性能和保护性能的方法是（H）。

考点 10　电气工程计量

(题干) 依据《通用安装工程工程量计算规范》GB 50856—2013 的规定，电气工程工程量计量时，以"台（组）"为计量单位的项目有（ABCDEFGHIJ）。

A. 变压器和消弧线圈　　　　　　　　B. 断路器
C. 负荷开关　　　　　　　　　　　　D. 真空接触器
E. 隔离开关　　　　　　　　　　　　F. 互感器
G. 避雷器　　　　　　　　　　　　　H. 控制屏
I. 控制器、接触器　　　　　　　　　J. 发电机
K. 控制开关、低压熔断器、限位开关　L. 箱式配电室
M. 软母线　　　　　　　　　　　　　N. 带形母线
O. 槽形母线　　　　　　　　　　　　P. 共箱母线
Q. 低压封闭式插接母线槽　　　　　　R. 电力电缆、控制电缆
S. 接地母线　　　　　　　　　　　　T. 配管、线槽

细说考点

1. 我们看一下电气工程的其他计量方法，列举如下：
   (1) 电气工程工程量计量时，以"m"为计量单位的项目有（MNOPQRST）。
   (2) 电气工程工程量计量时，以"个"为计量单位的项目有（K）。
   (3) 电气工程工程量计量时，以"套"为计量单位的项目有（L）。
2. 注意电气工程各项目的安装说明。2014 年、2017 年有考查过这部分内容的题目。

考点 11　自动控制系统的组成

(题干) 自动控制系统中，将接收变换和放大后的偏差信号，转换为被控对象进行操作的控制信号。该装置为（B）。

A. 被控制对象　　　　　　　　　　　B. 控制器【2015 年、2017 年】
C. 放大变换环节【2015 年】　　　　　D. 校正装置【2015 年】
E. 反馈环节【2015 年】　　　　　　　F. 给定环节

细说考点

我们再来看下还可以考查的题目：
(1) 在自动控制系统组成中，接受控制量并输出被控量的装置是（A）。
(2) 在自动控制系统组成中，将偏差信号变换为适合控制器执行信号的装置是（C）。

(3) 在自动控制系统组成中，为改善系统动态和静态特性而附加的装置是（D）。
(4) 在自动控制系统组成中，产生输入控制信号的装置是（F）。

考点 12　自动控制系统的常用术语

（题干） 在自动控制系统中，控制输入信号与主反馈信号之差，称为（D）。
A. 输入信号　　　　　　　　　　　　B. 输出信号
C. 反馈信号【2014 年、2016 年、2019 年】　D. 偏差信号【2014 年、2016 年】
E. 误差信号【2014 年、2016 年】　　　F. 扰动信号【2014 年、2016 年】

细说考点

1. 自动控制系统的这些常用术语，要掌握其含义，2014 年、2017 年均对其含义进行了考查。

2. 上述备选项在考题中相互作为干扰选项，下面我们看下还可能作为考题的题目：

(1) 自动控制系统中，输入信号是指对系统的输出量有直接影响的外界输入信号，除包括控制信号外，还有（F）。【2014 年】

(2) 自动控制系统中，反馈控制系统中被控制的物理量，与输入信号之间有一定的函数关系的是（B）。

(3) 系统（环节）的输出信号经过变换、处理送到系统（环节）的输入端的信号称为（C）。

(4) 自动控制系统中，输出量的实际值与希望值之差称为（E）。

考点 13　自动控制系统的类型

（题干） 自动控制系统根据反馈的方法分为（ABCD）。
A. 单回路系统　　　　　　　　　　　B. 多回路系统
C. 比值系统　　　　　　　　　　　　D. 复合系统

细说考点

我们来看下还可以考查的题目：

(1) 自动控制系统中，只有一个控制变量组成的单环反馈系统称为（A）。

(2) 自动控制系统中，被控量简单、单一，系统结构简单明了，只要合理选择符合要求的调节器，就能使系统满足控制要求的是（A）。

(3) 自动控制系统中，通常对变量进行分析后，寻找另外控制其变化的辅助变量，作为辅助控制信号，回到调节器，共同完成对变量的调整与控制，这就组成了（B）。

(4) 在控制系统中，直接对控制变量进行调整，当控制达不到生产或工艺要求，需有一个自动跟随的控制系统辅助调节，以达到对控制变量的进一步调节，这种控制系统称为（C）。

考点 14　传感器

（题干） 在高精度、高稳定性的测量回路中，常采用的传感器为（A）。

A. 铂热电阻传感器【2017 年】　　　　　　B. 锰热电阻传感器【2017 年】
C. 镍热电阻传感器【2017 年】　　　　　　D. 铜热电阻传感器【2017 年】
E. 以热电偶为材料的热电势传感器　　　　F. 以半导体 PN 结为材料的热电势传感器
G. AD509 双端温度传感器　　　　　　　　H. 电阻式压力传感器【2019 年】
I. 电容式压力传感器　　　　　　　　　　J. 霍尔压力传感器【2019 年】
K. 压电陶瓷传感器　　　　　　　　　　　L. 压差式流量传感器
M. 靶式流量传感器　　　　　　　　　　　N. 转子流量传感器
O. 速度式流量传感器　　　　　　　　　　P. 容积式流量传感器
Q. 电磁式流量传感器　　　　　　　　　　R. 电阻式液位传感器
S. 电容式液位传感器

细说考点

1. 该考点主要阐述 4 种类型的传感器，即温度传感器、压力传感器、流量传感器、液位检测传感器。每一类传感器中又分为不同的类型。考试中可能会考查传感器的特征、适用范围。

2. 针对上述题目，我们来看下还可以作为考题的题目：
(1) 要求一般、具有较稳定性能的测量回路中，可用选用的传感器是（C）。
(2) 档次低、只有一般要求时，可选用的传感器是（D）。
(3) 流量精度稍差，但结构简单，制造方便的流量传感器是（L）。
(4) 经常作为精密测量用，并且常用于高黏度流体测量的传感器是（P）。
(5) 下列传感器中，结构简单、价格便宜，但只能用于无腐蚀液体中的是（R）。

考点 15　调节装置

（题干） 在电气和自动化控制系统设备中，具有调节速度快、稳定性高、不容易产生过调节现象，但调节过程最终有残余偏差等特点。通常用在调节精度要求不是太高，调节时允许有残余偏差场合的调节装置是（C）。

A. 双位调节　　　　　　　　　　　　　　B. 三位调节
C. 比例调节　　　　　　　　　　　　　　D. 积分调节

E. 比例积分调节 　　　　　　　　F. 比例微分调节
G. 比例积分—微分调节

> **细说考点**
>
> 本考点还可能考核的题目有：
>
> （1）在电气和自动化控制系统设备中，具有机构简单、动作可靠等特点，在空调系统中有广泛应用的调节装置是（A）。
>
> （2）在电气和自动化控制系统调节装置中，用于温度、液位等调节精度要求不高的场合的是（B）。
>
> （3）多用于压力、流量和液位的调节上，且只能用在一些小型的调节上。而不能用在温度上的自动控制调节装置是（D）。
>
> （4）在电气和自动化控制系统调节装置中，当被调参数与给定值发生偏差时，调节器的输出信号不仅与输入偏差保持比例关系，同时还与偏差存在的时间长短成比例的是（E）。
>
> （5）在电气和自动化控制系统调节装置中，当被调参数与给定值发生偏差时，调节器的输出信号不仅与输入偏差保持比例关系，同时还与偏差的变化速度有关的是（F）。
>
> （6）在电气和自动化控制系统调节装置中，常用在惯性滞后大的场合的是（G）。

考点16　温度检测仪表

（题干） 常用于中低温区的温度检测器，测量精度高、性能稳定，不仅广泛应用于工业测温，而且被制成标准的基准仪。该温度检测仪为（E）。

A. 压力式温度计　　　　　　　　B. 双金属温度计
C. 玻璃液位温度计　　　　　　　D. 热电偶温度计
E. 热电阻温度计【2013年、2016年】　F. 辐射温度计

> **细说考点**
>
> 本采分点主要考核的是各类温度检测仪表的特性及适用范围。下面以表格的形式列出：
>
> | 项目 | 内容 |
> | --- | --- |
> | 压力式温度计 | 适用于工业场合测量各种对铜无腐蚀作用的介质温度 |
> | 双金属温度计 | 具有防水、防腐蚀、隔爆、耐震动、直观、易读数、无汞害、坚固耐用等特点，广泛应用于石油、化工、机械、船舶、发电、纺织、印染等工业和科研部门 |
> | 玻璃液位温度计 | 包括棒式玻璃温度计、内标式玻璃温度计以及外标式玻璃温度计 |

续表

项目	内容
热电偶温度计	用于测量各种温度物体,测量范围极大。适用于炼钢炉、炼焦炉等高温地区,也可测量液态氢、液态氮等低温物体
热电阻温度计	是中低温区最常用的一种温度检测器,测量精度高,性能稳定。不仅广泛应用于工业测温,而且被制成标准基准仪【2013年、2016年】
辐射温度计	不能直接测得被测对象的实际温度,由于不干扰被测温场,不影响温场分布,从而具有较高的测量准确度

考点17 压力检测仪表

(题干)用于测量低压、负压的压力表,被广泛用于实验室压力测量或现场锅炉烟、风通道各段压力及通风空调系统各段压力的测量。它的结构简单,使用、维修方便,但信号不能远传,该压力检测仪表为(A)。

A. 液柱式压力计【2017年】　　　　B. 活塞式压力计
C. 弹性式压力计　　　　　　　　　D. 电气式压力计
E. 远传压力表　　　　　　　　　　F. 电接点压力表【2014年】
G. 隔膜/膜片式压力表

细说考点

关于压力检测仪表还可能考核的内容有:

(1) 用来检验精密压力表,是一种主要的压力标准计量仪器的是(B)。

(2) 构造简单、牢固可靠、测压范围广、使用方便、造价低廉、有足够的精度,可与电测信号配套制成遥测遥控的自动记录仪表与控制仪表(C)。

(3) 多用于压力信号的运转、发信或集中控制,和显示、调节、记录仪表联用,则可组成自动控制系统,广泛用于工业自动化和化工过程中的压力检测仪表是(D)。

(4) 适用于测量对钢及铜合金不起腐蚀作用的液体、蒸汽和气体等介质的压力的压力检测仪表是(E)。

(5) 基于测量系统中弹簧管在被测介质的压力作用下,迫使弹簧管的末端产生相应的弹性变形,借助拉杆经齿轮传动机构的传动并予以放大,由固定齿轮上的指示装置将被测值在度盘上指示出来的压力表是(F)。【2014年】

(6) 专门供石油、化工、食品等生产过程中测量具有腐蚀性、高黏度、易结晶、含有固体状颗粒、温度较高的液体介质压力的压力表是(G)。

考点 18　流量仪表

（题干）能够对空气、氮气、水及与水相似的其他安全流体进行小流量测量，其结构简单、维修方便、价格较便宜、测量精度低。该流量测量仪表为（A）。

A．玻璃管转子流量计【2016 年】　　　B．涡轮流量计
C．电磁流量计　　　　　　　　　　　D．椭圆齿轮流量计【2013 年、2015 年】
E．节流装置流量计【2017 年】　　　　F．均速管流量计【2017 年】

细说考点

1．在历年考试过程中，主要还是对各类流量仪表的特性及适用范围进行考核，对于这一考点还会考核的题目有：

（1）具有精度较高，耐温耐压范围较广，变送器体积小，维护容易等特点，适用于黏度较小的洁净流在宽测量范围的高精度测量。该流量测量仪表为（B）。

（2）某流量测量仪表只能测导电液体，测量精度不受介质黏度、密度、温度、导电率变化的影响，但不适合测量电磁性物质。该流量测量仪表为（C）。

（3）特别适合于重油、聚乙烯醇、树脂等黏度较高介质流量的测量，用于精密地、连续或间断地测量管道流体的流量或瞬时流量，属容积式流量计。该流量计是（D）。【2013 年、2015 年】

（4）适合非强腐蚀的单向流体流量测量，使用广泛、结构简单、对标准节流装置不必个别标定即可使用的流量计是（E）。

（5）适合大口径大流量的各种液体流量测量，具有压损小、能耗少、输出差压较低等特点的流量计是（F）。

2．对于流量仪表除了考核特性及适用范围外，还会对其共性进行考核，例如：
属于差压式流量检测仪表的有（EF）。【2017 年】

考点 19　自动化控制系统工程计量

（题干）依据《通用安装工程工程量计算规范》GB 50856—2013 的规定，自动控制系统工程量计量时，以"台"为计量单位的是（ACDEGI）。

A．压力仪表、变送单元仪表、流量仪表、物位检测仪表
B．温度仪表
C．显示仪表、调节仪表、基地式调节仪表、辅助单元仪表、盘装仪表
D．执行机构、调节阀、自力式调节阀、执行仪表附件
E．过程分析仪表、物性检测仪表、特殊预处理装置
F．检测回路模拟试验、调节回路模拟试验、报警连锁回路模拟试验、工业计算机系统回路模拟试验

G.安全监测装置、远动装置、顺序控制装置、信号报警装置、数据采集及巡回检测报警装置

H.钢管、高压管、不锈钢管、有色金属管及非金属管

I.盘、箱、柜,盘柜附件、元件,区分名称、型号、规格、接线方式

J.仪表阀门、仪表附件

> **细说考点**
>
> 我们看一下自动化控制系统的其他计量方法,列举如下:
> (1) 依据《通用安装工程工程量计算规范》GB 50856—2013 的规定,自动控制系统工程量计量时,以"套"为计量单位的是(F)。
> (2) 依据《通用安装工程工程量计算规范》GB 50856—2013 的规定,自动控制系统工程量计量时,以"支"为计量单位的是(B)。
> (3) 依据《通用安装工程工程量计算规范》GB 50856—2013 的规定,自动控制系统工程量计量时,以"m"为计量单位的是(H)。
> (4) 依据《通用安装工程工程量计算规范》GB 50856—2013 的规定,自动控制系统工程量计量时,以"个"为计量单位的是(J)。

考点 20　网络的范围与功能

(题干) 通信网络由终端设备、传输链路和交换设备三要素构成。网络一般分为(ABC)三种。

A.局域网　　　　　　　　　　　B.城域网

C.广域网

> **细说考点**
>
> 1.城域网是一种高速网络,广域网是远程网。
> 2.网络功能主要包括多种业务通信、完善的通信业务管理和服务功能、信道的冗余功能、基于 IP 的多媒体高速通信网、光通信网。

考点 21　网络传输介质

(题干) 常见的网络传输介质有(ABC)。

A.双绞线【2015 年】　　　　　　B.同轴电缆【2019 年】

C.光纤　　　　　　　　　　　　D.屏蔽双绞线

E.非屏蔽双绞线　　　　　　　　F.粗缆

G.细缆　　　　　　　　　　　　H.光纤【2013 年】

> **细说考点**
>
> 我们除了掌握网络传输介质分类，还需要清楚地了解如何选择网络传输介质。下面我们做几个题：
>
> （1）一般用于星型网的布线连接，两端装有 RJ-45 头，连接网卡与集线器，最大网线长度为 100m 的网络传输介质为（A）。【2015年】
>
> （2）对电磁干扰具有较强的抵抗能力，适用于网络流量较大的高速网络协议应用的网络传输介质是（D）。
>
> （3）适用于网络流量不大的场合中的网络传输介质是（E）。
>
> （4）传输距离长、性能好，但成本高，网络安装、维护困难，一般用于大型局域网的干线，连接时两端需终接器的网络传输介质为（F）。
>
> （5）与 BNC 网卡相连，两端装 50Ω 的终端电阻，安装较容易、造价较低，但日常维护不方便的网络传输介质为（G）。
>
> （6）与其他传输介质比较，光纤的电磁绝缘性能好、信号衰减小、频带宽、传输速度快、传输距离大的网络传输介质为（H）。【2013年】
>
> （7）主要用于要求传输距离较长、布线条件特殊的主干网连接的网络传输介质为（H）。

考点 22　网络设备

（题干）用于提供与网络之间的物理连接，一般根据接口总线与传输速率等条件来选择的网络设备是（A）。

A. 网卡
B. 集线器
C. 智能集线器
D. 亚集线器
E. 交换机
F. 路由器【2018年】
G. 服务器
H. 防火墙

> **细说考点**
>
> 1. 我们再做几个和网络设备选型有关的题目：
>
> （1）对网络进行集中管理的重要工具，而且是一个共享设备，主要功能是对接收到的信号进行再生放大，以扩大网络的传输距离的网络设备是（B）。
>
> （2）与普通集线器相比，增加了网络的交换功能，具有网络管理和自动检测网络端口速度的能力的网络设备是（C）。
>
> （3）只起到简单的信号放大和再生的作用，无法对网络性能进行优化的网络设备是（D）。
>
> （4）它是网络节点上话务承载装置、交换级、控制和信令设备以及其他功能单元的集合体，该网络设备为（E）。【2017年】
>
> （5）具有判断网络地址和选择 IP 路径的功能，能在多网络互联环境中建立灵活

的连接，可用完全不同的数据分组和介质访问方法连接各种子网，属网络层的一种互联设备。该设备是（F）。【2013年、2015年、2018年】

（6）它是连接因特网中各局域网、广域网的设备，根据信道的情况自动选择和设定路由，广泛用于各种骨干网内部连接、骨干网间互联和骨干网与互联网互联互通业务，该网络设备为（F）。

（7）高性能主要体现在高速度的运算能力、长时间的可靠运行、强大的外部数据吞吐能力等方面的网络设备是（G）。

（8）是内部网与外部网之间、专用网与公共网之间界面上构造的保护屏障，该网络设备是（H）。

2.有关网络设备的选型还需要我们掌握以下知识点：

（1）一般的中小型企业局域网，可以采用（RJ-45双绞线接口千兆位网卡）；网络规模较大，或者网络应用较复杂，则可采用（光纤接口的千兆位网卡）。服务器集成的网卡通常都是兼容性的（双绞线以太网网卡）。

（2）集线器的选型需要考虑（以带宽为选择标准、是否满足拓展需求、是否支持网管功能、以外形尺寸为依据、根据配置形式的不同、注意接口类型）。

（3）集线器是对网络进行集中管理的重要工具，是各分枝的汇集点，其选用时要注意接口类型，与双绞线连接时需要的接口类型为（RJ-45接口）。【2014年、2016年】

（4）选用集线器时，要注意信号输入口的接口类型，与细缆相连需要的接口类型为（BNC接口）；与粗缆相连需要的接口类型为（AUI接口）；当局域网长距离连接时需要的接口类型为（光纤接口）。

（5）交换机选型方面需要考虑的因素有（端口数、端口类型、工作层次、性能档次、网管功能、堆栈功能）。

（6）普通的以太网交换机都是采用（双绞线RJ-45接口），最高可以支持1000Mbps；高档的交换机采取（光纤）作为传输介质，需要相应类型光纤的网络接口。

（7）路由器分本地路由器和远程路由器，本地路由器是用来连接（光纤、同轴电缆、双绞线）等网络传输介质的。

（8）选择路由器时应注意（安全性、控制软件、扩展能力、网管系统、带电插拔能力）。

（9）服务器按性能标准划分为（入门级服务器、工作组级服务器、部门级服务器和企业级服务器）四个不同档次。

（10）常用的防火墙有（包过滤路由器和代理服务器）。【2016年】

考点23　有线电视系统

（题干）有线电视系统一般由信号源、前端设备、干线传输系统和用户分配网络组成，前端设备包括（ABCDE）。【2014年】

A.调制器　　　　　　　　　　　　　　B.放大器

C. 滤波器
E. 发生器
G. 分支器【2017 年】
I. 终端电阻
D. 变换器
F. 均衡器【2017 年】
H. 分配器【2017 年】
J. 支线放大器

细说考点

1. 有线电视系统的设备，我们需要学习一下这几个题：

(1) 有线电视传输系统中，干线传输分配部分除电缆、干线放大器外，属于该部分的设备还有（FGH）。【2017 年】

(2) 有线电视传输系统中，用户分配部分的主要部件有（GHIJ）等设备。

2. 我们接下来看看有线电视信号的传输可能会有考核哪些内容：

(1) 有线电视信号的有线传输常用（同轴电缆和光缆）为介质。有线电视信号无线传输根据传输方式和频率分为（多频道微波分配系统和调幅微波链路系统）。

(2) 闭路电视系统中大量使用（同轴电缆）作为传输介质。

(3) 具有传输损耗小、频带宽、传输容量大、频率特性好、抗干扰能力强、安全可靠等优点，是有线电视信号传输技术手段的发展方向是（光缆传输）。

(4) 与塑料纤维制造的光纤相比，由多成分玻璃纤维制成的光导纤维具有的特点有（性能价格比好）。【2013 年】

(5) 采用塑料纤维制造的光纤，成本最低，但传输损耗最大，可用于（短距离通信）。

(6) 在闭路电视系统中，具有较高的可靠性，可以避免由于长距离传输电缆线路上干线放大器串联过多使信号质量下降的是（微波传输）。

(7) 在调幅微波链路系统 L 接收机前，通常要接一个低噪声放大器，目的是（提高系统的载噪比）。

3. 我们最后看看有线电视系统安装的采分点：

(1) 前端机房和演播控制室宜设置（控制台）。

(2) 前端机房和演播控制室内电缆敷设宜采用（地槽）。

(3) 室外线路敷设时，当用户位置和数量比较稳定，要求电缆线路安全隐蔽时，可采用直埋电缆敷设方式。【2011 年】

(4) 室外线路敷设时，当有可供利用的管道时，可采用管道电缆敷设方式，但不得与电力电缆共管敷设。【2011 年】

(5) 室外线路敷设时，可采用架空电缆敷设方式的情况有（不宜采用直埋或管道电缆敷设方式、用户的位置和数量变动较大并需要扩充和调整、有可供利用的架空通信或电力杆路、当有建筑物可供利用时，前端输出干线、支线和入户线的沿线，宜采用墙壁电缆敷设方式）。【2011 年】

(6) 电缆在室内敷设时，在新建或有内装修要求的已建建筑物内，可采用（暗管敷设方式）。对无内装修要求的已建建筑物可采用（线卡明敷方式）。不得将（电缆与电力线）同线槽、同出线盒、同连接箱安装。明敷的电缆与明敷的电力线的间距（不应小于 0.3m)。分配放大器、分支、分配器可安装在（楼内的墙壁和吊顶）上。当需要安装在室外时，应采取防雨措施，距地面（不应小于 2m）。

考点 24　卫星电视接收系统

(题干) 卫星电视接收系统中的电磁波信号由（A）送到接收机。

A. 同轴电缆　　　　　　　　　B. 高频头【2015 年、2018 年】
C. 卫星接收机　　　　　　　　D. 接收天线
E. 混合器　　　　　　　　　　F. 功分器

细说考点

本考点还可能会作为采分点的内容：
(1) 卫星电视接收系统由（BCD）组成。
(2) 卫星电视接收系统中，接收机解调出来的图像和伴音信号，经调制到 VHF 或 UHF 频段，再经（E）将多路节目送入有线电视系统。
(3) 卫星电视接收系统中，将反射面内收集到的卫星电视信号聚焦到馈源口，形成适合波导传输的电磁波，送给高频头进行处理的设备是（D）。
(4) 卫星电视接收系统中，它是灵敏度极高的频率放大、变频电路。作用是将卫星天线收到的微弱信号进行放大，并且变频后输出。此设备是（B）。【2015 年、2018 年】
(5) 卫星电视接收系统中，把经过线性放大器放大后的第一中频信号均等地分成若干路的设备是（F）。

考点 25　电话通信系统

(题干) 建筑物内通信配线的分线箱（组线箱）内接线模块（或接线条）宜采用（AB）模块。【2015 年】

A. 普通卡接式接线【2015 年】　　　　B. 旋转卡接式接线【2015 年】
C. 卡接式接线【2012 年】　　　　　　D. RJ45 快接式【2012 年】
E. 扣式接线子【2013 年、2017 年】　　F. 扭绞接续
G. 冷包　　　　　　　　　　　　　　H. 热可缩套管

细说考点

1. 本考点在以前年度的考试中，每年会出一个题目来考核大家。
2. 建筑物内通信配线电缆的选择是很重要的考点，我们一起看一下：

(1) 当建筑物内通信配线的分线箱（组线箱），采用综合布线时，分线箱（组线箱）内接线模块宜采用（CD）模块。【2012年】

(2) 建筑物内普通市话电缆芯线接续，应采用的方法为（E）。【2013年、2017年】

(3) 建筑物内普通市话电缆的外护套分接处接头封合宜采用（GH）。

3. 有关电话通信系统组成的采分点，我们总结一下：

(1) 电话通信系统由（用户终端设备、传输系统和电话交换设备）三大部分组成。

(2) 通用型用户交换机适用于（以话音业务为主）的单位；专用型交换机适用于（宾馆型交换机办公室自动化型、银行型及专网型）等用户交换机。

4. 接着我们再学习电话通信系统安装的采分点：

(1) 用户交换机与市电信局连接的中继线一般均用（光缆），建筑内的传输线用性能优良的（双绞线电缆）。【2016年】

(2) 建筑物内通信配线设计宜采用（直接配线）方式，当建筑物占地体型和单层面积较大时，可采用（交接配线）方式。

(3) 建筑物内通信配线电缆应采用（非填充型铜芯铝塑护套）市内通信电缆，或采用（综合布线大对数铜芯对绞电缆）。【2019年】

(4) 通信线缆安装中，建筑物内竖向（垂直）电缆配线管（允许穿多根电缆），横向（水平）电缆配线管应（一根电缆配线管穿放一条电缆）。【2014年】

(5) 通信电缆不宜与（用户线合穿一根电缆配线管），配线管内不得合穿（其他非通信线缆）。

(6) 建筑物内通信用户线宜采用（铜芯对绞用户线），亦可采用（铜芯平行用户线）。

考点26　扩声和音响系统

（题干） 按声源的性质分类，扩声和音响系统可分为（AB）。

A. 语言系统　　　　　　　　　　B. 音乐系统
C. 室内系统　　　　　　　　　　D. 室外系统
E. 单声道声音处理　　　　　　　F. 双声道声音处理
G. 多声道声音处理　　　　　　　H. 集中输出系统
I. 分区输出系统　　　　　　　　J. 混合输出系统
K. 定压式输出　　　　　　　　　L. 定阻抗输出

细说考点

1. 扩声和音响系统的分类还有以下方式：

(1) 按工作环境分类，扩声和音响系统可分为（CD）。

(2) 按工作原理分类，扩声和音响系统可分为（EFG）。

(3) 按能量分配方式分类，扩声和音响系统可分为（HIJ）。

(4) 按能量输出方式分类，扩声和音响系统可分为（KL）。

2. 我们还要了解一下扩声和音响系统设备的采分点：

(1) 扩声和音响系统中，用（均衡器）对信号进行频率分析，根据需要对某些频段的信号进行提升或衰减。

(2) 扩声和音响系统中，对信号进行选择、混合、补偿、分配的设备是（调音台）。

(3) 扩声和音响系统中，将前置放大器或调音台送来的信号进行功率放大，通过传输线传至扬声器放声的设备是（功率放大器）。

考点 27　通信线路工程

(题干) 在确定通信线路工程的线路位置时，应遵循的原则有（ABCDEFGH）。

A. 宜敷设在人行道下，可建在慢车道下，不宜建在快车道下

B. 高等级公路的通信线路敷设位置选择依次是：隔离带下、路肩和防护网以内

C. 宜与杆路同侧

D. 中心线应平行于道路中心线或建筑红线

E. 不宜敷设在埋深较大的其他管线附近

F. 尽量避免与燃气线路、高压电力电缆在道路同侧敷设

G. 与铁道及有轨电车道的交越角不宜小于60°

H. 人孔内不得有其他管线穿越

细说考点

该考点的知识点比较零散，我们把可能会涉及的采分点总结一下：

(1) 通信线路光缆穿管道敷设时，若施工环境较好，一次敷设光缆的长度不超过1000m，一般采用的敷设方法为（机械牵引方法敷设）。【2016年】

(2) 通信线路光缆穿管道敷设时，若管道内缆线复杂，一般采用（人工牵引）方法敷设光缆。

(3) 通信线路光缆穿管道敷设时，若管道为硅芯管，一般采用（气吹法）敷设光缆。

(4) 通信线路光缆沟开挖之前的障碍处理可采用（预埋管、顶管）等方法，埋设管、顶管的深度应和（光缆沟）深度一致。

(5) 通信线路直埋光缆敷设一般用（人工抬放敷设和机械牵引敷设）两种方法进行。

(6) 通信线路架空及墙壁光电缆敷设时，吊线一般采用（镀锌钢绞线），电缆挂钩一般由（镀锌铁件或塑料件）制作。

(7) 通信线路光缆使用热缩管的作用是（保护光纤熔接头）。【2017年】

考点 28　通信设备及线路工程计量

（题干） 依据《通用安装工程工程量计算规范》GB 50856—2013 的规定，通信设备及线路工程工程量计量时，以"m"为计量单位的项目有（ABCDEFG）。

A. 单芯电源线
B. 同轴电缆
C. 室外线缆走道
D. 水泥管道、长途专用塑料管道
E. 通信电（光）缆通道
F. 电缆全程充气、排流线、埋式光缆对地绝缘检查及处理
G. 电缆槽道、走线架、机架、框区

细说考点

有关工程量计量的考题，主要的考试题型就是判断工程计量的计量单位，我们总结一下：

计量单位	工程项目名称
系（站）	无人值守电源设备系统联测、控制段内无人站电源设备与主控联测
架（盘、台、套）	开关电源设备、整流器、电子交流稳压器、市话组合电源、调压器、变换器、不间断电源设备、用户交换机
列	列内电源线
架（个）	电缆槽道、走线架、机架、框区
架	列柜、电源分配柜（箱）、配线架
台	可控硅铃流发生器、保安配线箱、测量台、业务台、辅助台
处	房柱抗震加固、通信电（光）缆通道、微机控制地下定向钻孔敷管、装电杆附属装置
个	抗震机座、堵塞成端套管、充油膏套管接续、封焊热可缩套管、包式塑料电缆套管、气闭头、交接箱、分线箱（盒）、告警器、传感器
块	保安排（试）线排、水底光缆标志牌
列（台、盘）	机房信号设备
条	设备电缆、软光纤、配线架跳线、列内信号线、列间信号线、同轴电缆
副	全向天线、定向天线、室内天线、卫星全球定位系统天线
头【2014 年】	光缆接续

考点 29　智能建筑体系构成与服务功能

（题干）智能建筑是兼备信息设施系统、信息化应用系统、建筑设备管理系统、公共安全系统等的建筑环境，智能建筑系统由上层的智能建筑系统集成中心和下层的（ABC）智能化子系统构成。【2012 年】

　　A. 楼宇自动化系统【2012 年】　　　　B. 通信自动化系统【2012 年】
　　C. 办公自动化系统【2012 年】　　　　D. 综合布线系统
　　E. 智能建筑系统集成中心

> **细说考点**
>
> 1. 我们接着看下面几个题目：
> （1）智能建筑系统的三个子系统通过（D）连接成一个完整的智能化系统。
> （2）对建筑物各个子系统进行综合管理；对建筑物内的信息进行实时处理，并且具有很强的信息处理及信息通信能力的是（E）。
> （3）建筑物或建筑群内部之间的传输网络是（D）。
> 2. 从用户服务功能角度看，智能建筑可提供（安全功能、舒适功能和便利高效功能）三大方面的服务功能。

考点 30　建筑自动化系统

（题干）按照我国行业标准，建筑自动化系统包括（ABC）。【2014 年】
　　A. 设备运行管理与监控子系统【2014 年】
　　B. 消防子系统【2014 年】
　　C. 安全防范子系统【2014 年】
　　D. 供配电监控系统
　　E. 照明监控系统
　　F. 出入口控制系统【2017 年】
　　G. 防盗报警系统【2017 年】
　　H. 闭路电视监视系统
　　I. 保安人员巡逻管理系统
　　J. 消防监控系统

> **细说考点**
>
> 1. 对于建筑自动化系统的子系统，我们应该掌握以下题目：
> （1）主要是对各级开关设备的状态，主要回路的电流、电压，变压器的温度以及发电机运行状态进行监测的是（D）。

(2) 主要是对门厅、走廊、庭院和停车场等处照明的按顺序启停控制、对照明回路的分组控制、用电过大时自动切断以及对厅堂、办公室等地的无人熄灯控制的是（E）。

(3) 可以采用门锁、红外线灯方式探测是否无人从而自动熄灭的控制方式是（E）。

(4) 保安监控系统又称 SAS，它包含的内容有（FGHI）。【2017 年】

(5) 主要由火灾自动报警系统和消防联动控制两部分构成的是（J）。

2. 其他子系统的内容比较明显，不宜命题，我们就不做详细说明。

考点 31 防盗报警系统的组成与信号的传输

（题干）防盗报警系统就是用探测器对建筑内、外重要地点和区域进行布防，该系统由（**ABCD**）组成。

A. 探测器　　　　　　　　　　　B. 信道
C. 控制器　　　　　　　　　　　D. 控制中心（报警中心）
E. 信号处理器

细说考点

1. 该系统的四个组成部分我们需要了解其各自的功能，我们一起来看一下：

(1) 用来探测入侵者移动或其他动作的电子和机械部件是防盗报警系统的（A）。

(2) 作用是把传感器转化成的电量进行放大、滤波、整形处理，使之成为一种合适的信号是（E）。

(3) 作为探测电信号传送的通道，通常分有线和无线是防盗报警系统的（B）。

2. 系统信号的传输我们需要掌握的是：经常用来传送低频模拟信号和频率不高的开关信号的是（双绞线）。

考点 32 防盗报警系统常用的入侵探测器

（题干）入侵探测器按防范的范围可分为点型、线型、面型和空间型。点型入侵探测器是指警戒范围仅是一个点的报警器。如门、窗、柜台、保险柜等的范围。属于点型入侵探测器类型的是（AB）。【2016 年】

A. 开关入侵探测器【2016 年】　　　　B. 震动入侵探测器【2016 年】
C. 主动红外入侵探测器【2015 年】　　D. 激光入侵探测器【2015 年】
E. 声入侵探测器　　　　　　　　　　F. 次声探测器
G. 超声波探测器　　　　　　　　　　H. 微波入侵探测器
I. 视频运动探测器　　　　　　　　　J. 压电式震动入侵探测器【2013 年】

K. 电动式震动入侵探测器【2013 年】　　L. 主动红外探测器【2019 年】
M. 被动红外探测器　　　　　　　　　　N. 声控探测器
O. 声发射探测器　　　　　　　　　　　P. 面型入侵探测器
Q. 玻璃破碎声发射探测器　　　　　　　R. 凿墙、锯钢筋发射探测器

> **细说考点**
>
> 1.首先我们来看一下有关入侵探测器的分类还有哪些可能的考试题目：
> （1）常见的直线型报警探测器主要有（CD）。【2015 年】
> （2）空间报警探测器是指警戒范围是一个空间的报警器，其类型主要有（EFGHI）。
> （3）常用点型入侵探测器中，震动入侵探测器的类型有（JK）。【2013 年】
> （4）常用直线型入侵探测器中，红外入侵探测器的类型有（LM）。
> （5）空间入侵探测器中，声入侵探测器的类型有（NO）。
> （6）常用的声发射探测器有（QR）。
>
> 2.我们还需要掌握不同的探测器的特点、适用范围，我们就来看一下：
> （1）具有较高的灵敏度，输出电动势较高，不需要高增益放大器，而且电动传感器输出阻抗低，噪声干扰小的是（K）。
> （2）抗噪能力较强，噪声信号不会引起误报，一般用在背景不动或防范区域内无活动物体场合的是（M）。
> （3）体积小、重量轻、便于隐蔽，采用双光路可大大提高其抗噪访误报能力的是（L）。
> （4）某探测器寿命长、价格低、易调整，被广泛使用在安全技术防范工程中的是（L）。
> （5）能够封锁一个场地的四周或封锁探测几个主要通道口，还能远距离进行线控报警，应选用的入侵探测器为（D）。【2017 年】
> （6）采用脉冲调制，抗干扰能力较强，稳定性能好，如果采用双光路系统，可靠性更会大大提高的是（D）。
> （7）某种探测器常用的有平行线电场畸变探测器和带孔同轴电缆电场畸变探测器，该探测器是（P）。
> （8）通常只用来作为室内空间防范的探测器是（F）。

考点33　电视监控系统

（题干）视频信号传输时，不需要调制、解调，设备投资少，传输距离一般不超过2km，这种电视监控系统信号传输方式为（A）。【2013 年、2016 年】

A. 基带传输【2013 年、2016 年】　　　B. 频带传输
C. 宽带传输　　　　　　　　　　　　　D. 射频传输【2018 年】
E. 微波传输【2018 年】　　　　　　　　F. 光纤传输【2017 年、2018 年】
G. 互联网传输

细说考点

1. 我们需要掌握闭路监控系统信号的几种传输方式的特点及适用场所，在考题中一般都互相作为干扰项。可以作为采分点的题目如下：

(1) 传输过程中克服了许多长途电话线路不能直接传输的缺点，能实现多路复用的目的，提高了通信线路的利用率，这种电视监控系统信号传输方式为（B）。

(2) 通过借助频带传输，可以将链路容量分解成两个或更多的信道，每个信道携带不同的信号的电视监控系统信号传输方式为（C）。

(3) 闭路监控系统中信号传输的方式由信号传输距离、控制信号的数量等确定。当传输距离较远时应采用（DEFG）。

(4) 常用在同时传输多路图像信号而布线相对容易的场所，这种电视监控系统信号传输方式为（D）。

(5) 常用在布线困难的场所以无线发射的方式进行传输的电视监控系统信号传输方式为（E）。

(6) 传输信号质量高、容量大、抗干扰性强、安全性好，且可进行远距离传输。此信号传输方式应选用（F）。【2017年】

2. 除了需要掌握以上内容，我们还将可能会考核的内容做了整理：

(1) 闭路监控系统中，远距离传输时对视频信号进行放大，以补偿传输过程中的信号衰减的设备是（视频放大器）。

(2) 闭路监控系统中，一般装在中心机房、调度室或某些监视点上，可以对电源的通断、光圈、变焦等进行遥控，也可以对云台进行控制的设备是（集中控制器）。

(3) 在闭路监控系统中，能把送来的摄像机信号重现成图像的设备是（监视器）。

(4) 闭路监控系统中，能完成对摄像机镜头、全方位云台的总线控制，有的还能对摄像机电源的通断进行控制的设备为（解码器）。【2014年】

(5) 闭路监控系统中，可以用来进行图像混合、分割画面、特技图案、叠加字幕等处理的设备为（视频切换器）。

(6) 闭路监控系统中，功能主要为视频分配放大、视频切换、时间地址符号发生、专用电源等的设备为（视频矩阵主机）。

(7) 作为闭路监控系统的终端显示设备，用来重现被摄体的图像的是（监视器）。

考点34 出入口控制系统

（题干）建筑智能化工程中，门禁系统一般由管理中心设备和前端设备两大部分组成，属于出入口门禁控制系统管理中心设备的是（ABC）。【2013年、2016年】

A. 控制软件【2013年】　　　　　　B. 主控模块【2016年、2018年】
C. 协议转换器【2013年、2016年】　D. 门禁读卡模块
E. 进出门读卡器　　　　　　　　　F. 电控锁
G. 门磁开关　　　　　　　　　　　H. 出门按钮

> **细说考点**
>
> 1.建筑智能化工程中,属于门禁系统前端设备有(DEFGH)。这两种设备在命题时互为干扰项。
> 2.出入口控制系统的15项功能做简单了解即可。
> 3.出入口控制系统中的门禁控制系统由监视、控制的现场网络和信息管理、交换的上层网络两部分组成,是一种典型的(集散型控制系统)。【2015年】
> 4.属于出入口控制系统中央处理单元,连接各功能模块和控制装置,具有集中监视、管理、系统生成以及诊断等功能的设备为(主控模块)。
> 5.根据芯片功能的差别,智能IC卡可以分为(存储型、逻辑加密型和CPU型)。【2017年】

考点35 访客对讲系统

(题干) 楼宇对讲系统由对讲管理主机、大门口主机、门口主机、用户分机、电控门锁等相关设备组成。访客对讲系统分为(ABCDEF)。

A. 可视
B. 非可视
C. 可视与非可视混合
D. 单户型
E. 单元型
F. 联网型

> **细说考点**
>
> 1.本考点还可能考核的题目有:分为直按式和拨号式两种系统,均采用总线布线方式,安装、调试简单的系统是(E)。
> 2.这个考点的内容较少,我们稍微了解即可。

考点36 电子巡更系统

(题干) 电子巡更系统需在规定的巡查路线上设置巡更开关或读卡器,一般分为(AB)。

A. 有线巡更系统
B. 离线巡更系统

> **细说考点**
>
> 1.本考点涉及的知识点比较少,历年来也没有考过,作一般了解。
> 2.我们一起来看几个题目:
> (1) 可以给巡更人员一种实时的保护巡更系统是(A)。
> (2) 无须布线,方便快捷,系统投资少、安全可靠、寿命长,是智能小区首选的巡更系统是(B)。

考点37　火灾报警系统

（题干）是火灾自动报警系统的检测元件，它将火灾发生初期所产生的烟、热、光转变成电信号，送入报警系统的设备是（A）。

A. 火灾探测器　　　　　　　　B. 传感元件【2016年】
C. 电路　　　　　　　　　　　D. 固定部件和外壳
E. 火灾报警控制器

细说考点

1. 我们首先需要掌握的就是火灾报警系统各设备的功能与特点，把可能会作为采分点的题目列举如下：

（1）它是火灾探测器的核心部分，作用是将火灾燃烧的特征物理量转换成电信号。该部分名称为（B）。【2016年】

（2）作用是将传感元件转换所得的电信号进行放大并处理成火灾报警控制器所需要的信号。该部分名称为（C）。

（3）作用是将传感元件、电路印刷板、接插件、确认灯等连成一体，以防止阳光、灰尘、气流、高频电磁波等干扰和机械力的破坏。该部分名称为（D）。

（4）能够为火灾探测器供电，并能接收、处理及传递探测点的火警电信号，发出声、光报警信号，向联动控制器发出联动通信信号的报警控制装置是（E）。

2. 本考点我们还需要掌握的知识点就是有关分类的内容，我们整理如下：

（1）火灾报警系统由（火灾探测、报警和联动控制）三部分组成。

（2）火灾探测器通常由（传感元件、电路、固定部件和外壳）等四部分组成。

（3）火灾探测器按信息采集类型分为（感烟探测器、感温探测器、火焰探测器、特殊气体探测器）。【2014年】

（4）火灾探测器按设备对现场信息采集原理分为（离子型探测器、光电型探测器、线性探测器）。

（5）火灾探测器按设备在现场的安装方式分为（点式探测器、缆式探测器、红外光束探测器）。

（6）火灾探测器按探测器与控制器的接线方式分为（总线制探测器、多线制探测器）。

（7）火灾现场报警装置包括（手动报警按钮、声光报警器、警笛、警铃）。【2015年】

3. 我们把联动控制器的功能总结一下，主要有（普通火灾控制器功能、切断供电电源并接通消防电源、启动消火栓灭火系统的消防泵、打开雨淋灭火系统的控制阀、控制防火卷帘门的降落、使受其控制的火灾应急广播投入使用、使相关的疏散或诱导指示设备工作）。

考点38 办公自动化系统

(题干)办公自动化系统按处理信息的功能划分为三个层次,属于第一层次的是(A)。
A. 事务型办公系统　　　　　　　　B. 信息管理型办公系统
C. 决策型办公系统(即综合型办公系统)

细说考点

1. 我们一起来看一下另外两个层次的系统,也以题目的形式表现:
(1) 办公自动化系统按处理信息的功能划分为三个层次,属于第二层次的是(B)。【2015年】
(2) 办公自动化系统按处理信息的功能划分为三个层次,属于第三层次的是(C)。
(3) 以数据库为基础,可以把业务作成应用软件包,包内的不同应用程序之间可以互相调用或共享数据的办公自动化系统为(A)。【2014年】
(4) 该层次要求必须有供本单位各部门共享的综合数据库,这个数据库建立在第一层次办公系统基础之上,构成信息管理型的办公自动化系统为(B)。
(5) 使用由综合数据库系统所提供的信息,针对需要提出决策的问题,构造或选用决策数学模型,由计算机执行决策程序,作出相应的决策的办公自动化系统为(C)。
(6) 仅以数据库为基础的办公自动化系统为(AB)。
(7) 除需要数据库外,还要有其领域的专家系统的办公自动化系统为(C)。

2. 办公自动化系统的主要目的是把部门的知识(有形化、实用化、制度化、系统化)。其特点可以这样来命题:
(1) 办公自动化系统的四大支柱是(计算机技术、通信技术、系统科学、行为科学)。
(2) 办公自动化系统是(人—机信息系统)。
(3) 办公自动化的目标是(降低劳动强度,提高办公质量和效率,提高决策的科学性和准确性)。
(4) 办公自动化系统的功能是(信息采集、存储、加工、传递和辅助决策)。

3. 办公自动化的支撑技术我们用一个简单的表格体现,以帮助考生区别记忆:

支撑技术	作用
计算机技术	数据的采集、存储和处理
通信技术	是办公自动化系统的神经系统,完成信息的传递任务
系统科学	提供理论方法,完成定量结构分析、预测未来、政策评价等
行为科学	保证办公自动化系统的有效性

4. 随着网络通信技术、计算机技术和数据库技术的成熟,办公自动化系统已发展进入到新层次,其特点包括(集成化、智能化、多媒体化、电子数据交换)。【2011年】

考点39 综合布线系统的划分、结构及部件

（题干）综合布线系统可采用不同类型的信息插座，支持 **16Mbps** 信息传输，适合语音应用，**8 位/8 针无锁模块**，可装在配线架或接线盒内的信息插座模块为（A）。

A. 3 类信息插座模块
B. 5 类信息插座模块【2013 年】
C. 超 5 类信息插座模块
D. 千兆位信息插座模块
E. 光纤插座模块
F. 多媒体信息插座
G. 8 针模块化信息插座【2016 年】

细说考点

1. 不同类型的信息插座所具有的功能不尽相同，我们逐一举例如下：

（1）支持 155Mbps 信息传输，适合语音、数据、视频应用，8 位/8 针无锁信息模块，可安装在配线架或接线盒内的信息插座模块为（B）。【2013 年】

（2）支持 622Mbps 信息传输，适合语音、数据、视频应用，可安装在配线架或接线盒内。一旦装入即被锁定的信息插座模块为（C）。

（3）支持 1000Mbps 信息传输，适合语音、数据、视频应用；可装在接线盒或机柜式配线架内的信息插座模块为（D）。

（4）支持 100Mbps 信息传输，适合语音、数据、视频应用；可安装 RJ45 型插座或 SC、ST 和 MIC 型耦合器的信息插座模块为（F）。

（5）信息插座在综合布线系统中起着重要作用，为所有综合布线推荐的标准信息插座是（G）。【2016 年】

2. 根据通信线路和接续设备的分离，属于设备间子系统的是建筑群配线架（CD）、建筑物配线架（BD）和建筑物的网络设备；属于管理子系统的是楼层配线架（FD）和建筑物楼层网络设备。属于工作区子系统的是信息插座与终端设备之间的连线或信息插座通过适配器与终端设备之间的连线。

3. 我们了解一下综合布线系统的子系统：

子系统	说明
建筑群干线子系统布线	一般情况下宜采用光缆
建筑物干线子系统布线	应直接端接到有关的楼层配线架，中间不应有转接点或接头
水平子系统布线	转接点处宜为永久性连接，不应作配线用
工作区布线	用接插软线或通过适配器把终端设备连接到工作区的信息插座上

4. 接下来我们一起学习一下综合布线系统有哪些部件，这些部件具有什么作用：

（1）综合布线系统的部件通常由（传输媒介、连接件和信息插座）组成。

（2）综合布线系统常用的传输媒介有（双绞线和光缆）。

(3) 双绞线扭绞的目的是（使对外的电磁辐射和遭受外部的电磁干扰减少到最小）。

(4) 渐变型增强多模光纤具有（光耦合效率较高、纤芯直径较大，在施工安装时光纤对准要求不高，配备设备较少等优点，而且光缆在微小弯曲或较大弯曲时，其传输特性不会有太大的改变）。

(5) 连接件是综合布线系统中各种连接设备的统称。连接件在综合布线系统中按其使用功能划分，可分为（配线设备、交接设备、分线设备）。不包括（连接硬件、中间转接器、局域网设备、终端匹配电阻、阻抗匹配变量器、滤波器和保护器件）。
【2014年】

考点40 综合布线系统设计

（题干）综合布线系统采用模块化结构，综合布线工作区由终端设备及其连接到水平子系统信息插座的接插软线等组成。以下有关综合布线工作区设计的说法，正确的是（ABCDEFGHI）。

A. 工作区的终端设备可以是检测仪表、测量传感器、控制器或执行器

B. 如终端设备是电话或楼宇控制系统中的传感器、控制器或执行器，可选用支持低速率的信息插座和线缆

C. 如终端设备是计算机或图形处理设备，需选用支持高速率的信息插座和线缆

D. 如终端设备是光接收机，要选用光纤插座与光缆

E. 为了使综合布线工程设计系列化、具体化，可将综合布线分为基本型、增强型和综合型三个设计等级

F. 基本型综合布线适用于综合布线中配置标准较低的场合，使用铜芯对绞电缆

G. 增强型综合布线适用于综合布线中中等配置标准的场合，使用铜芯对绞电缆

H. 综合型综合布线适用于综合布线中配置标准较高的场合，使用光缆和铜芯对绞电缆或混合电缆

I. 使不同尺寸或不同类型的插头与信息插座相匹配，提供引线的重新排列，把电缆连接到应用系统的设备接口的器件是适配器【2015年】

细说考点

1. 接下来我们继续学习水平布线子系统，这部分内容可以作为考题的采分点如下：

(1) 水平布线子系统的网络拓扑结构都为（星型结构），该结构（线路长度较短、有利于保证传输质量、降低工程造价和便于维护管理）。

(2) 水平布线子系统的线缆（光缆）配置主要是根据（信息插座的数量与性能）。

（3）水平系统布线方法通常有（先经吊顶内的电缆桥架再沿钢管到信息插座；直接经钢管到信息插座；用地面线槽沿钢管到信息插座，或用地面线槽直接接信息插座）。

2. 我们继续学习垂直干线子系统，这部分内容可以作为考题的采分点如下：

（1）垂直干线子系统中信息的交接最多只能（两次）。

（2）垂直干线子系统布线走向应选择（干线线缆最短、最安全和最经济）的路由。

（3）垂直干线子系统布线的距离与（信息传输速率、信息编码技术，以及选用的线缆和相关连接硬件）有关。

（4）整座建筑物的垂直干线子系统布线数量是根据（每层楼面积和布线密度）来确定的。

（5）采用（5类双绞电缆）时，传输速率超过100Mbps的高速应用系统，布线距离不宜超过90m。【2017年】

（6）垂直干线子系统采用（单模光缆）时，传输最大距离可以延伸到3000m。

（7）双绞电缆和光纤类型的垂直干线子系统选择取决于（布线系统的性能）。

（8）垂直干线子系统线缆与楼层配线架的连接方法有（点对点端接、分支递减连接）两种。

（9）双绞线对数或光纤芯数的主要优点是（主干路路由上采用容量小、重量轻的电缆单独供线、有利于维护管理）。

（10）分支递减连接的主要优点是（干线通道中的电缆条数少、节省通道空间，有时比点对点端连接方法工程费用减少）。

3. 我们继续学习建筑群干线子系统，这部分内容可以作为考题的采分点如下：

（1）建筑群干线子系统的缆线尽可能采用（地下敷设）。

（2）建筑群主干布线常选用（大对数电缆或光缆），其数量与性能取决于楼宇内部的系统需求。

4. 我们继续学习楼层配线间的设计，这部分内容可以作为考题的采分点如下：

（1）楼层配线间数目的确定根据（所服务的楼层面积和楼层信息插座的密度）来考虑。

（2）在给定楼层配线间所要服务的信息插座都在（75m）范围以内，可采用单干线子系统。

（3）楼层配线间交接设备主要是（配线架），用于端接或直接连接线缆。

（4）110A系统电缆配线架可以应用于所有场合，特别适应（信息插座比较多）的建筑物。

5. 我们最后学习设备间的设计，这部分内容可以作为考题的采分点如下：

（1）设备间应有良好的接地装置，接地应用（铜绞线）直接引向大楼接地极。

（2）设备间内的线缆敷设应根据（房间内设备布置和线缆的路由）等具体情况，分别选用不同的敷设方式。

考点41 建筑智能化工程计量

（题干） 依据《通用安装工程工程量计算规范》GB 50856—2013 的规定，建筑智能化工程量计量时，以"台（套）"为计量单位的项目有（ABCDEFG）。

A. 计算机应用工程

B. 网络系统工程

C. 机柜、机架、抗震底座、分线接线箱（盒）安装

D. 通信网络控制设备、控制器、控制箱安装

E. 同轴电缆接头，卫星地面站接收设备，光端设备安装、调试，有线电视系统管理设备，播控设备安装、调试，分配网络，终端调试，干线设备

F. 扩声系统设备，扩声系统试运行，背景音乐系统设备，视频系统设备

G. 安全防范系统工程

H. 双绞线缆，大对数电缆，光缆，光纤束、光缆外护套

I. 射频同轴电缆

J. 安全检查设备，停车场管理设备

细说考点

1. 我们看一下建筑智能化工程的其他计量方法，列举如下：

（1）建筑智能化工程量计量时，以"m"为计量单位的项目有（HI）。

（2）建筑智能化工程量计量时，以"m^2"为计量单位的项目有（J）。

2. 如主项项目工程与需综合项目工程量不对应，项目特征应描述综合项目的（型号、规格、数量）。

2017年度全国造价工程师执业资格考试试卷
《建设工程技术与计量（安装工程）》

必做部分

一、**单项选择题**（共40题，每题1分。每题的备选项中，只有1个最符合题意）

1. 钢中含有少量的碳、硅、锰、硫、磷、氧和氮等元素，其中对钢的强度、硬度等性质起决定性影响的是（　　）。

   A. 硫　　　　　　　　　　　　　　　　B. 磷
   C. 碳　　　　　　　　　　　　　　　　D. 氧

2. 普通碳素结构钢中，牌号为 Q235 的钢，其性能和使用特点为（　　）。

   A. 强度不高，塑性、韧性、加工性能较好，主要用于制作薄板和盘条
   B. 强度适中，塑性、韧性、可焊性良好，大量用于制作钢筋、型钢和钢板
   C. 强度和硬度较高，耐磨性较好，但塑性、韧性和可焊性较差，主要用于制作轴类、耐磨零件及垫板
   D. 综合力学性能良好，具有较好的耐低温冲击韧性和焊接性能，主要用于制造承载较大的零件

3. 某种铸铁具有较高的强度、塑性和冲击韧性，可以部分代替碳钢，用来制作形状复杂、承受冲击和振动荷载的零件，且与其他铸铁相比，其成本低，质量稳定、处理工艺简单。此铸铁为（　　）。

   A. 可锻铸铁　　　　　　　　　　　　　B. 球墨铸铁
   C. 蠕墨铸铁　　　　　　　　　　　　　D. 片墨铸铁

4. 某中性耐火材料制品，热膨胀系数较低，导热性高，耐热震性能好，高温强度高，不受酸碱的侵蚀，也不受金属和熔渣的润湿，质轻，是优质的耐高温材料。此类耐火制品为（　　）。

   A. 硅砖制品　　　　　　　　　　　　　B. 碳质制品
   C. 黏土砖制品　　　　　　　　　　　　D. 镁质制品

5. 聚四氟乙烯具有极强的耐腐蚀性，几乎耐所有的化学药品，除此之外还具有的特性为（　　）。

   A. 优良的耐高温、低温性能
   B. 摩擦系数高，常用于螺纹连接处的密封
   C. 强度较高，塑性、韧性也较好
   D. 介电常数和介电损耗大，绝缘性能优异

6. 它是最轻的热塑性塑料管材，具有较高的强度、较好的耐热性，且无毒、耐化学腐蚀，但其低温易脆化。每段长度有限，且不能弯曲施工，目前广泛用于冷热水供应系统中。

此种管材为（　　）。

A. 聚乙烯管　　　　　　　　　　B. 超高分子量聚乙烯管

C. 无规共聚聚丙烯管　　　　　　D. 工程塑料管

7. 酚醛树脂漆、过氯乙烯漆及呋喃树脂漆在使用中，其共同的特点为（　　）。

A. 耐有机溶剂介质的腐蚀　　　　B. 具有良好的耐碱性

C. 既耐酸又耐碱腐蚀　　　　　　D. 与金属附着力差

8. 对高温、高压工况，密封面的加工精度要求较高的管道，应采用环连接面型法兰连接，其配合使用的垫片应为（　　）。

A. O形密封圈　　　　　　　　　 B. 金属缠绕垫片

C. 齿形金属垫片　　　　　　　　D. 八角形实体金属垫片

9. 某阀门结构简单、体积小、重量轻，仅由少数几个零件组成，操作简单，阀门处于全开位置时，阀板厚度是介质流经阀体的唯一阻力，阀门所产生的压力降很小，具有较好的流量控制特性。该阀门应为（　　）。

A. 截止阀　　　　　　　　　　　B. 蝶阀

C. 旋塞阀　　　　　　　　　　　D. 闸阀

10. 若需沿竖井和水中敷设电力电缆，应选用（　　）。

A. 交联聚乙烯绝缘聚氯乙烯护套细钢丝铠装电力电缆

B. 交联聚乙烯绝缘聚氯乙烯护套双钢带铠装电力电缆

C. 交联聚乙烯绝缘聚乙烯护套双钢带铠装电力电缆

D. 交联聚乙烯绝缘聚乙烯护套电力电缆

11. 用熔化极氩气气体保护焊焊接铝、镁等金属时，为有效去除氧化膜，提高接头焊接质量，应采取（　　）。

A. 交流电源反接法　　　　　　　B. 交流电源正接法

C. 直流电源反接法　　　　　　　D. 直流电源正接法

12. 焊接工艺过程中，正确的焊条选用方法为（　　）。

A. 合金钢焊接时，为弥补合金元素烧损，应选用合金成分高一等级的焊条

B. 在焊接结构刚性大、接头应力高、焊缝易产生裂纹的金属材料时，应选用比母材强度低一级的焊条

C. 普通结构钢焊接时，应选用熔敷金属抗拉强度稍低于母材的焊条

D. 为保障焊工的身体健康，应尽量选用价格稍贵的碱性焊条

13. 焊后热处理工艺中，与钢的退火工艺相比，正火工艺的特点为（　　）。

A. 正火较退火的冷却速度快，过冷度较大

B. 正火得到的是奥氏体组织

C. 正火处理的工件，其强度、硬度较低

D. 正火处理的工件，其韧性较差

14. 无损检测中，关于涡流探伤特点的正确表述为（　　）。

A. 仅适用于铁磁性材料的缺陷检测

B. 对形状复杂的构件作检查时表现出优势

C. 可以一次测量多种参数
D. 要求探头与工件直接接触，检测速度快

15. 某一回转运动的反应釜，工艺要求在负压下工作，釜内壁需采用金属铅防腐蚀，覆盖铅的方法应为（　　）。

A. 螺栓固定法
B. 压板条固定法
C. 搪钉固定法
D. 搪铅法

16. 用金属薄板作保冷结构的保护层时，保护层接缝处的连接方法除咬口连接外，还宜采用的连接方法为（　　）。

A. 钢带捆扎法
B. 自攻螺钉法
C. 铆钉固定法
D. 带垫片抽芯铆钉固定法

17. 某工作现场要求起重机吊装能力为 3～100t，臂长 40～80m，使用地点固定、使用周期较长且较经济。一般为单机作业，也可双机抬吊。应选用的吊装方法为（　　）。

A. 液压提升法
B. 桅杆系统吊装
C. 塔式起重机吊装
D. 桥式起重机吊装

18. 某台起重机吊装一设备，已知吊装重物的重量为 Q（包括索、吊具的重量）。吊装计算载荷应为（　　）。

A. Q
B. $1.1Q$
C. $1.2Q$
D. $1.1 \times 1.2Q$

19. 某 $DN100$ 的输送常温液体的管道，在安装完毕后应做的后续辅助工作为（　　）。

A. 气压试验，蒸汽吹扫
B. 气压试验，压缩空气吹扫
C. 水压试验，水清洗
D. 水压试验，压缩空气吹扫

20. 某埋地敷设承受内压的铸铁管道，当设计压力为 0.4MPa 时，其液压试验的压力应为（　　）。

A. 0.6MPa
B. 0.8MPa
C. 0.9MPa
D. 1.0MPa

21. 依据《通用安装工程工程量计算规范》GB 50856—2013，安装工程分类编码体系中，第一、二级编码为 0308，表示（　　）。

A. 电气设备安装工程
B. 通风空调工程
C. 工业管道工程
D. 消防工程

22. 依据《通用安装工程工程量计算规范》GB 50856—2013，室外给水管道与市政管道界限划分应为（　　）。

A. 以项目区入口水表井为界
B. 以项目区围墙外 1.5m 为界
C. 以项目区围墙外第一个阀门为界
D. 以市政管道碰头井为界

23. 垫铁安装在设备底座下起减震、支撑作用，下列说法中正确的是（　　）。

A. 最薄垫铁安放在垫铁组最上面
B. 最薄垫铁安放在垫铁组最下面

C. 斜垫铁安放在垫铁组最上面

D. 斜垫铁安放在垫铁组最下面

24. 某排水工程需选用一台流量为 1000m^3/h、扬程 5mH_2O 的水泵，最合适的水泵为（　　）。

  A. 旋涡泵   B. 轴流泵

  C. 螺杆泵   D. 回转泵

25. 下列风机中，输送气体压力最大的风机是（　　）。

  A. 轴流鼓风机   B. 高压离心通风机

  C. 高压轴流通风机   D. 高压混流通风机

26. 根据工业炉热工制度分类，下列工业炉中属间断式炉的是（　　）。

  A. 步进式炉   B. 振底式炉

  C. 环形炉   D. 室式炉

27. 离心式通风机的型号表示由六部分组成，包括名称、型号、机号、出风口位置及（　　）。

  A. 气流方向、旋转方式   B. 传动方式、旋转方式

  C. 气流方向、叶轮级数   D. 传动方式、叶轮级数

28. 反映热水锅炉工作强度的指标是（　　）。

  A. 受热面发热率   B. 受热面蒸发率

  C. 额定热功率   D. 额定热水温度

29. 蒸汽锅炉安全阀的安装和试验应符合的要求为（　　）。

  A. 安装前，应抽查 10% 的安全阀做严密性试验

  B. 蒸发量大于 0.5t/h 的锅炉，至少应装设两个安全阀，且不包括省煤器上的安全阀

  C. 对装有过热器的锅炉，过热器上的安全阀必须按较高压力进行整定

  D. 安全阀应水平安装

30. 某除尘设备适合处理烟气量大和含尘浓度高的场合，且可以单独采用，也可以安装在文丘里洗涤器后作脱水器用。此除尘设备为（　　）。

  A. 静电除尘器   B. 旋风除尘器

  C. 旋风水膜除尘器   D. 袋式除尘器

31. 依据《固定式压力容器安全技术监察规程》TSG 21—2016，高压容器是指（　　）。

  A. 设计压力大于或等于 0.1MPa，且小于 1.6MPa 的压力容器

  B. 设计压力大于或等于 1.6MPa，且小于 10MPa 的压力容器

  C. 设计压力大于或等于 10MPa，且小于 100MPa 的压力容器

  D. 设计压力大于或等于 100MPa 的压力容器

32. 依据《通用安装工程工程量计算规范》GB 50856—2013，静置设备安装工程量计量时，根据项目特征以"座"为计量单位的是（　　）。

  A. 金属油罐中拱顶罐制作安装

  B. 球形罐组对安装

  C. 热交换器设备安装

D. 火炬及排气筒制作安装

33. 下列自动喷水灭火系统中，适用于环境温度低于4℃且采用闭式喷头的是（　　）。
A. 自动喷水雨淋系统
B. 自动喷水湿式灭火系统
C. 自动喷水干式灭火系统
D. 水幕系统

34. 下列关于喷水灭火系统的报警阀组安装，正确的说法是（　　）。
A. 先安装辅助管道，后进行报警阀组的安装
B. 报警阀组与配水干管的连接应使水流方向一致
C. 当设计无要求时，报警阀组安装高度宜为距室内地面0.5m
D. 报警阀组安装完毕，应进行系统试压冲洗

35. 系统由火灾探测器、报警器、自控装置、灭火装置及管网、喷嘴等组成，适用于经常有人工作场所且不会对大气层产生影响。该气体灭火系统是（　　）。
A. 二氧化碳灭火系统
B. 卤代烷1311灭火系统
C. IG541混合气体灭火系统
D. 热气溶胶预制灭火系统

36. 扑救立式钢制内浮顶式贮油罐内的火灾，应选用的泡沫灭火系统及其喷射方式为（　　）。
A. 中倍数泡沫灭火系统，液上喷射方式
B. 中倍数泡沫灭火系统，液下喷射方式
C. 高倍数泡沫灭火系统，液上喷射方式
D. 高倍数泡沫灭火系统，液下喷射方式

37. 下列常用光源中平均使用寿命最长的是（　　）。
A. 白炽灯　　　　　　　　　　B. 碘钨灯
C. 氙灯　　　　　　　　　　　D. 直管形荧光灯

38. 按《建筑电气照明装置施工及验收规范》GB 50617—2010，下列灯具安装正确的说法是（　　）。
A. 室外墙上安装的灯具，其底部距地面的高度不应小于2.5m
B. 安装在顶棚下的疏散指示灯距地面高度不宜小于2.5m
C. 航空障碍灯在烟囱顶上安装时，应安装在烟囱口以上1.5～3m
D. 带升降器的软线吊灯在吊线展开后，灯具下沿应不高于工作台面0.3m

39. 具有限流作用及较高的极限分断能力，用于较大短路电流的电力系统和成套配电装置中的熔断器是（　　）。
A. 螺旋式熔断器
B. 有填充料封闭管式熔断器
C. 无填充料封闭管式熔断器
D. 瓷插式熔断器

40. 电气配管配线工程中，对潮湿、有机械外力、有轻微腐蚀气体场所的明、暗配管，应选用的管材为（　　）。

　　A. 半硬塑料管　　　　　　　　　B. 硬塑料管
　　C. 焊接钢管　　　　　　　　　　D. 电线管

二、多项选择题（共20题，每题1.5分。每题的备选项中，有2个或2个以上符合题意，至少有1个错项。错选，本题不得分；少选，所选的每个选项得0.5分）

41. 铁素体—奥氏体型不锈钢和奥氏体型不锈钢相比具有的特点有（　　）。

　　A. 其屈服强度为奥氏体型不锈钢的两倍
　　B. 应力腐蚀小于奥氏体型不锈钢
　　C. 晶间腐蚀小于奥氏体型不锈钢
　　D. 焊接时的热裂倾向大于奥氏体型不锈钢

42. 工程中常用有色金属及其合金中，具有优良耐蚀性的有（　　）。

　　A. 镍及其合金　　　　　　　　　B. 钛及其合金
　　C. 镁及其合金　　　　　　　　　D. 铅及其合金

43. 药皮在焊接过程中起着极为重要的作用，其主要表现有（　　）。

　　A. 避免焊缝中形成夹渣、裂纹、气孔，确保焊缝的力学性能
　　B. 弥补焊接过程中合金元素的烧损，提高焊缝的力学性能
　　C. 药皮中加入适量氧化剂，避免氧化物还原，以保证焊接质量
　　D. 改善焊接工艺性能，稳定电弧，减少飞溅，易脱渣

44. 与其他几种人工补偿器相比，球形补偿器除具有补偿能力大、流体阻力小的特点外，还包括（　　）。

　　A. 补偿器变形应力小
　　B. 对固定支座的作用力小
　　C. 不需停气减压便可维修出现的渗漏
　　D. 成对使用可作万向接头

45. 单模光纤的缺点是芯线细，耦合光能量较小，接口时比较难，但其优点也较多，包括（　　）。

　　A. 传输设备较便宜，性价比较高
　　B. 模间色散很小，传输频带宽
　　C. 适用于远程通信
　　D. 可与光谱较宽的LED配合使用

46. 与氧—乙炔火焰切割相比，氧—丙烷切割的特点有（　　）。

　　A. 火焰温度较高，切割时间短，效率高
　　B. 点火温度高，切割的安全性大大提高
　　C. 无明显烧塌，下缘不挂渣，切割面粗糙度好
　　D. 氧气消耗量高，但总切割成本较低

47. 与γ射线探伤相比，X射线探伤的特点有（　　）。

　　A. 显示缺陷的灵敏度高

B. 穿透力较γ射线强

C. 照射时间短，速度快

D. 设备复杂、笨重、成本高

48. 与空气喷涂法相比，高压无空气喷涂法的特点有（　　）。

A. 避免发生涂料回弹和漆雾飞扬

B. 工效要高出数倍至十几倍

C. 涂膜附着力较强

D. 漆料用量较大

49. 设备气密性试验是用来检查连接部位的密封性能，其应遵循的规定有（　　）。

A. 设备经液压试验合格后方可进行气密性试验

B. 气密性试验的压力应为设计压力的1.15倍

C. 缓慢升压至试验压力后，保压30min以上

D. 连接部位等应用检漏液检查

50. 依据《通用安装工程工程量计算规范》GB 50856—2013，措施项目清单中，属于专业措施项目的有（　　）。

A. 二次搬运　　　　　　　　　B. 平台铺设、拆除

C. 焊接工艺评定　　　　　　　D. 防护棚制作、安装、拆除

51. 依据《通用安装工程工程量计算规范》GB 50856—2013，措施项目清单中，关于高层施工增加的规定，正确的表述有（　　）。

A. 单层建筑物檐口高度超过20m应分别列项

B. 多层建筑物超过8层时，应分别列项

C. 突出主体建筑物顶的电梯房、水箱间、排烟机房等不计入檐口高度

D. 计算层数时，地下室不计入层数

52. 依据《通用安装工程工程量计算规范》GB 50856—2013，其他项目清单中的暂列金额包括（　　）。

A. 工程合同签订时尚未确定或者不可预见的所需材料、工程设备、服务的采购等费用

B. 施工过程中出现质量问题或事故的处理费用

C. 施工中可能发生工程变更所需费用

D. 合同约定调整因素出现时的合同价款调整及发生的索赔、现场签证确认等的费用

53. 在对滚动轴承、精密零件等装配件进行表面油脂清洗时，可采用的清洗方法有（　　）。

A. 溶剂油浸洗　　　　　　　　B. 乙醇浸洗

C. 超声波清洗　　　　　　　　D. 清洗剂喷洗

54. 依据《通用安装工程工程量计算规范》GB 50856—2013，机械设备安装工程量中以"台"为计量单位的有（　　）。

A. 离心式泵安装　　　　　　　B. 刮板输送机安装

C. 交流电梯安装　　　　　　　D. 离心式压缩机安装

55. 依据《通用安装工程工程量计算规范》GB 50856—2013的规定，中压锅炉及其他辅

助设备安装工程量计量时，以"只"为计量单位的项目有（　　）。

A. 省煤器
B. 煤粉分离器
C. 暖风器
D. 旋风分离器

56. 某静置设备由奥氏体不锈钢板材制成，对其进行无损检测时，可采用的检测方法有（　　）。

A. 超声波检测
B. 磁粉检测
C. 射线检测
D. 渗透检测

57. 关于固定消防炮灭火系统的设置，下列说法正确的有（　　）。

A. 有爆炸危险性的场所，宜选用远控炮系统
B. 当灭火对象高度较高时，不宜设置消防炮塔
C. 室外消防炮应设置在被保护场所常年主导风向的下风方向
D. 室内消防炮的布置数量不应少于两门

58. 下列有关消防水泵接合器设置，说法正确的有（　　）。

A. 高层民用建筑室内消火栓给水系统应设水泵接合器
B. 消防给水竖向分区供水时，在消防车供水压力范围内的分区，应分别设置水泵接合器
C. 超过2层或建筑面积大于 $1000m^2$ 的地下建筑应设水泵接合器
D. 高层工业建筑和超过三层的多层工业建筑应设水泵结合器

59. 继电器具有自动控制和保护系统的功能，下列继电器中主要用于电气保护的有（　　）。

A. 热继电器
B. 电压继电器
C. 中间继电器
D. 时间继电器

60. 电动机减压启动中，软启动器除了完全能够满足电动机平稳启动这一基本要求外，还具备的特点有（　　）。

A. 参数设置复杂
B. 可靠性高
C. 故障查找较复杂
D. 维护量小

选做部分

共40题，分为两个专业组，考生可在两个专业组的40个试题中任选20题作答。按所答的前20题计分，每题1.5分。试题由单选和多选组成。错选，本题不得分；少选，所选的每个选项得0.5分。

一、(61～80题) 管道和设备工程

61. 室内给水系统管网布置中，下列叙述正确的有（　　）。

A. 下行上给式管网，最高层配水点流出水头较高
B. 上行下给式管网，水平配水干管敷设在底层
C. 上行下给式管网常用在要求不间断供水的工业建筑中
D. 环状式管网水流畅通，水头损失小

62. 敷设在高层建筑室内的塑料排水管管径大于或等于110mm时，应设阻火圈的位置有（　　）。
   A. 暗敷立管穿越楼层的贯穿部位
   B. 明敷立管穿越楼层的贯穿部位
   C. 横管穿越防火分区的隔墙和防火墙的两侧
   D. 横管穿越管道井井壁或管窿围护墙体的贯穿部位外侧

63. 室内排水管道系统中可双向清通的设备是（　　）。
   A. 清扫口　　　　　　　　　　　　B. 检查口
   C. 地漏　　　　　　　　　　　　　D. 通气帽

64. 散热器的选用应考虑水质的影响，水的pH值在5~8.5时，宜选用（　　）。
   A. 钢制散热器　　　　　　　　　　B. 铜制散热器
   C. 铝制散热器　　　　　　　　　　D. 铸铁散热器

65. 下列有关采暖管道安装说法正确的是（　　）。
   A. 室内采暖管管径DN＞32宜采用焊接或法兰连接
   B. 管径DN≤32不保温采暖双立管中心间距应为50mm
   C. 管道穿过墙或楼板，应设伸缩节
   D. 一对共用立管每层连接的户数不宜大于四户

66. 某输送燃气管道，其塑性好，切断、钻孔方便，抗腐蚀性好，使用寿命长，但其重量大、金属消耗多，易断裂，接口形式常采用柔性接口和法兰接口，此管材为（　　）。
   A. 球墨铸铁管　　　　　　　　　　B. 耐蚀铸铁管
   C. 耐磨铸铁管　　　　　　　　　　D. 双面螺旋缝焊钢管

67. 根据《通用安装工程工程量计算规范》GB 50856—2013，给排水、采暖管道室内外界限划分正确的有（　　）。
   A. 给水管以建筑物外墙皮1.5m为界，入口处设阀门者以阀门为界
   B. 排水管以建筑物外墙皮3m为界，有化粪池时以化粪池为界
   C. 采暖管地下引入室内以室内第一个阀门为界，地上引入室内以墙外三通为界
   D. 采暖管以建筑物外墙皮1.5m为界，入口处设阀门者以阀门为界

68. 在采暖地区为防止风机停止时倒风，或洁净车间防止风机停止时含尘空气进入，常在机械排风系统风机出口管上安装与风机联动的装置是（　　）。
   A. 电动止回阀　　　　　　　　　　B. 电动减压阀
   C. 电动密闭阀　　　　　　　　　　D. 电动隔离阀

69. 它能广泛应用于无机气体如硫氧化物、氮氢化物、硫化氢、氯化氢等有害气体的净化，同时能进行除尘，适用于处理气体量大的场合。与其他净化方法相比费用较低。这种有害气体净化方法为（　　）。
   A. 吸收法　　　　　　　　　　　　B. 吸附法
   C. 冷凝法　　　　　　　　　　　　D. 燃烧法

70. 混合式气力输送系统的特点有（　　）。
   A. 可多点吸料　　　　　　　　　　B. 可多点卸料

C. 输送距离长   D. 风机工作条件好

71. 防爆等级低的防爆通风机，叶轮和机壳的制作材料应为（　）。
    A. 叶轮和机壳均用钢板   B. 叶轮和机壳均用铝板
    C. 叶轮用钢板、机壳用铝板   D. 叶轮用铝板、机壳用钢板

72. 风阀是空气输配管网的控制、调节机构，只具有控制功能的风阀为（　）。
    A. 插板阀   B. 止回阀
    C. 防火阀   D. 排烟阀

73. 它具有质量轻、制冷系数高、运行平稳、容量调节方便和噪声较低等优点，但小制冷量时机组能效比明显下降，负荷太低时可能发生喘振现象。目前广泛使用在大中型商业建筑空调系统中，该冷水机组为（　）。
    A. 活塞式冷水机组   B. 离心式冷水机组
    C. 螺杆式冷水机组   D. 射流式冷水机组

74. 依据《通用安装工程工程量计算规范》GB 50856—2013 的规定，通风空调工程中过滤器的计量方式有（　）。
    A. 以台计量，按设计图示数量计算
    B. 以个计量，按设计图示数量计算
    C. 以面积计量，按设计图示尺寸的过滤面积计算
    D. 以面积计量，按设计图示尺寸计算

75. 从技术和经济角度考虑，在人行频繁、非机动车辆通行的地方敷设热力管道，宜采用的敷设方式为（　）。
    A. 地面敷设   B. 低支架敷设
    C. 中支架敷设   D. 高支架敷设

76. 压缩空气站设备组成中，除空气压缩机、贮气罐外，还有（　）。
    A. 空气过滤器   B. 空气预热器
    C. 后冷却器   D. 油水分离器

77. 蒸汽夹套管系统安装完毕后，应用低压蒸汽吹扫，正确的吹扫顺序应为（　）。
    A. 主管—支管—夹套管环隙   B. 支管—主管—夹套管环隙
    C. 主管—夹套管环隙—支管   D. 支管—夹套管环隙—主管

78. 合金钢管道焊接时，底层应采用的焊接方式为（　）。
    A. 焊条电弧焊   B. 埋弧焊
    C. CO_2 电弧焊   D. 氩弧焊

79. 钛及钛合金管切割时，宜采用的切割方法是（　）。
    A. 弓锯床切割   B. 砂轮切割
    C. 氧—乙炔火焰切割   D. 氧—丙烷火焰切割

80. 硬 PVC 管、ABS 管广泛应用于排水系统中，其常用的连接方式为（　）。
    A. 焊接   B. 粘接
    C. 螺纹连接   D. 法兰连接

二、(81～100题) 电气和自动化控制工程

81. 建筑物及高层建筑物变电所宜采用的变压器形式有（　　）。
   A. 浇注式　　　　　　　　　　　B. 油浸自冷式
   C. 油浸风冷式　　　　　　　　　D. 充气式（SF6）

82. 需用于频繁操作及有易燃易爆危险的场所，要求加工精度高，对其密封性能要求严的高压断路器，应选用（　　）。
   A. 多油断路器　　　　　　　　　B. 少油断路器
   C. 六氟化硫断路器　　　　　　　D. 空气断路器

83. 具有良好的非线性、动作迅速、残压低、通流容量大、无续流、结构简单、可靠性高、耐污能力强等优点，在电站及变电所中得到广泛应用的避雷器是（　　）。
   A. 碳化硅阀型避雷器　　　　　　B. 氧化锌避雷器
   C. 保护间隙避雷器　　　　　　　D. 管型避雷器

84. 变压器室外安装时，安装在室外部分的有（　　）。
   A. 电压互感器　　　　　　　　　B. 隔离开关
   C. 测量系统　　　　　　　　　　D. 保护系统开关柜

85. 防雷接地系统避雷针与引下线之间的连接方式应采用（　　）。
   A. 焊接连接　　　　　　　　　　B. 咬口连接
   C. 螺栓连接　　　　　　　　　　D. 铆接连接

86. 依据《通用安装工程工程量计算规范》GB 50856—2013 的规定，利用基础钢筋作接地极，应执行的清单项目是（　　）。
   A. 接地极项目　　　　　　　　　B. 接地母线项目
   C. 基础钢筋项目　　　　　　　　D. 均压环项目

87. 自动控制系统中，将接收变换和放大后的偏差信号，转换为被控对象进行操作的控制信号。该装置为（　　）。
   A. 转换器　　　　　　　　　　　B. 控制器
   C. 接收器　　　　　　　　　　　D. 执行器

88. 在高精度、高稳定性的温度测量回路中，常采用的热电阻传感器为（　　）。
   A. 铜热电阻传感器　　　　　　　B. 锰热电阻传感器
   C. 镍热电阻传感器　　　　　　　D. 铂热电阻传感器

89. 集散控制系统中，被控设备现场的计算机控制器完成的任务包括（　　）。
   A. 对被控设备的监视　　　　　　B. 对被控设备的测量
   C. 对相关数据的打印　　　　　　D. 对被控设备的控制

90. 用于测量低压、负压的压力表，被广泛用于实验室压力测量或现场锅炉烟、风通道各段压力及通风空调系统各段压力的测量。它结构简单，使用、维修方便，但信号不能远传，该压力检测仪表为（　　）。
   A. 液柱式压力计　　　　　　　　B. 活塞式压力计
   C. 弹性式压力计　　　　　　　　D. 电动式压力计

91. 属于差压式流量检测仪表的有（　　）。

A. 玻璃管转子流量计 B. 涡轮流量计
C. 节流装置流量计 D. 均速管流量计

92. 它是网络节点上话务承载装置、交换级、控制和信令设备以及其他功能单元的集合体，该网络设备为（   ）。
A. 网卡 B. 集线器
C. 交换机 D. 路由器

93. 有线电视传输系统中，干线传输分配部分除电缆、干线放大器外，属于该部分的设备还有（   ）。
A. 混合器 B. 均衡器
C. 分支器 D. 分配器

94. 建筑物内普通市话电缆芯线接续，应采用的接续方法为（   ）。
A. 扭绞接续 B. 旋转卡接式
C. 普通卡接式 D. 扣式接线子

95. 光缆线路工程中，热缩管的作用为（   ）。
A. 保护光纤纤芯 B. 保护光纤熔接头
C. 保护束管 D. 保护光纤

96. 保安监控系统又称SAS，它包含的内容有（   ）。
A. 火灾报警控制系统 B. 出入口控制系统
C. 防盗报警系统 D. 电梯控制系统

97. 能够封锁一个场地的四周或封锁探测几个主要通道口，还能远距离进行线控报警，应选用的入侵探测器为（   ）。
A. 激光入侵探测器 B. 红外入侵探测器
C. 电磁感应探测器 D. 超声波探测器

98. 传输信号质量高、容量大、抗干扰性强、安全性好，且可进行远距离传输。此信号传输介质应选用（   ）。
A. 射频线 B. 双绞线
C. 同轴电缆 D. 光缆

99. 智能IC卡种类较多，根据IC卡芯片功能的差别可以将其分为（   ）。
A. CPU型 B. 存储型
C. 逻辑加密型 D. 切换型

100. 传输速率超过100Mbps的高速应用系统，布线距离不超过90m，宜采用的综合布线介质为（   ）。
A. 三类双绞电缆 B. 五类双绞电缆
C. 单模光缆 D. 多模光缆

2017 年度全国造价工程师执业资格考试试卷参考答案
《建设工程技术与计量（安装工程）》

必做部分

一、单项选择题

1. C	2. B	3. A	4. B	5. A
6. C	7. D	8. D	9. B	10. A
11. C	12. B	13. A	14. C	15. D
16. A	17. C	18. B	19. C	20. B
21. C	22. D	23. C	24. B	25. A
26. D	27. B	28. A	29. B	30. C
31. C	32. D	33. C	34. B	35. C
36. A	37. D	38. A	39. B	40. C

二、多项选择题

41. ABC	42. ABD	43. ABD	44. ABC	45. BC
46. BCD	47. ACD	48. ABC	49. ACD	50. BCD
51. ACD	52. ACD	53. ABC	54. ABD	55. BC
56. AD	57. AD	58. AB	59. AB	60. BD

选做部分

一、管道和设备工程

61. D	62. BCD	63. B	64. C	65. A
66. A	67. AD	68. C	69. A	70. ABC
71. D	72. BCD	73. B	74. AC	75. C
76. ACD	77. A	78. D	79. AB	80. B

二、电气和自动化控制工程

81. AD	82. C	83. B	84. AB	85. A
86. D	87. B	88. D	89. ABD	90. A
91. CD	92. C	93. BCD	94. D	95. B
96. BC	97. A	98. D	99. ABC	100. B

2018年度全国一级造价工程师职业资格考试试卷
《建设工程技术与计量（安装工程）》

必做部分

一、单项选择题（共40题，每题1分。每题的备选项中，只有1个最符合题意）

1. 钢中含碳量较低时，对钢材性能影响为（　　）。
   A. 塑性小，质地较软
   B. 延伸性好，冲击韧性高
   C. 不易冷加工，切削与焊接
   D. 超过1‰时，强度开始上升

2. 碳、硫、磷及其他残余元素的含量控制较宽，生产工艺简单，必要的韧性、良好的塑性以及价廉和易于大量供应，这种钢材为（　　）。
   A. 普通碳素结构钢
   B. 优质碳素结构钢
   C. 普通低合金钢
   D. 优质合金结构钢

3. 耐蚀性优于金属材料，具有优良的耐磨性、耐化学腐蚀性，绝缘性及较高的抗压性能，耐磨性能比钢铁高十几倍至几十倍，这种材料为（　　）。
   A. 陶瓷
   B. 玻璃
   C. 铸石
   D. 石墨

4. 高分子材料具有的性能有（　　）。
   A. 导热系数大
   B. 耐燃性能好
   C. 耐蚀性差
   D. 电绝缘性能好

5. 属于无机非金属材料基复合材料的是（　　）。
   A. 水泥基复合材料
   B. 铝基复合材料
   C. 木质基复合材料
   D. 高分子基复合材料

6. 耐腐蚀介质在200℃以下使用，160℃以下不宜在大压力下使用，重量轻、不生锈、不耐碱的金属材料为（　　）。
   A. 铅
   B. 铝
   C. 镍
   D. 钛

7. O形圈面型法兰垫片的特点是（　　）。
   A. 尺寸小，重量轻
   B. 安装拆卸不方便
   C. 压力范围使用窄
   D. 非挤压型密封

8. 填料式补偿器特点为（　　）。
   A. 流体阻力小，补偿能力大
   B. 不可单向和双向补偿
   C. 轴向推力小
   D. 不需经常检修和更换填料

9. 五类大对数铜缆的型号为（　　）。
   A. UTP CAT3.025～100（25～100对）
   B. UTP CAT5.025～100（25～50对）

C. UTP CAT5.025~50（25~50 对） D. UTP CAT3.025~100（25~100 对）

10. 借助于运动的上刀片和固定的下刀片进行切割的机械为（ ）。
   A. 剪板机 B. 弓锯床
   C. 螺纹钢筋切断机 D. 砂轮切割机

11. 不受被检试件几何形状、尺寸大小、化学成分和内部组织结构的限制，一次操作可同时检验开口于表面中所有缺陷，此探伤方法为（ ）。
   A. 超声波探伤 B. 涡流探伤
   C. 磁粉探伤 D. 渗透探伤

12. 使加砂、喷砂、集砂等操作过程连续化，使砂流在一密闭系统内循环，从而避免了粉尘的飞扬，除锈质量好，改善了操作条件，该种除锈方法为（ ）。
   A. 干喷砂法 B. 湿喷砂法
   C. 高压喷砂法 D. 无尘喷砂法

13. 结构简单，易于制作，操作容易，移动方便，一般用于起重量不大，起重速度较慢又无电源的起重作业中，该起重设备为（ ）。
   A. 滑车 B. 起重葫芦
   C. 手动卷扬机 D. 绞磨

14. 流动式起重机的选用步骤为（ ）。
   A. 确定站车位置，确定臂长，确定额定起重量，选择起重机，校核通过性能
   B. 确定站车位置，确定臂长，确定额定起重量，校核通过性能，选择起重机
   C. 确定臂长，确定站车位置，确定额定起重量，选择起重机，校核通过性能
   D. 确定臂长，确定站车位置，确定额定起重量，选择起重机，校核通过性能

15. 安装工程项目编码第二级为 06 的工程为（ ）。
   A. 静置设备安装 B. 电气设备安装
   C. 自动化控制仪表 D. 工业管道

16. 刷油、防腐、绝热工程的基本安装高度为（ ）。
   A. 10m B. 6m
   C. 3.6m D. 5m

17. 中小型形状复杂的装配件，清洗方法为（ ）。
   A. 溶剂油擦洗和涮洗 B. 清洗液浸泡或浸、涮结合清洗
   C. 溶剂油喷洗 D. 乙醇和金属清洗剂擦洗和涮洗

18. 可以输送具有磨琢性，化学腐蚀性或有毒的散状固体物料，运行费用较低，但输送能力有限，不能输送黏结性强，易破损的物料，不能大角度向上倾斜输送物料，此种输送机为（ ）。
   A. 链式输送机 B. 螺旋式输送机
   C. 振动输送机 D. 带式输送机

19. 通过水的高速运动，导致气体体积发生变化产生负压，主要用于抽吸空气或水，达到液固分离，也可用作压缩机，这种泵为（ ）。
   A. 喷射泵 B. 水环泵

C. 电磁泵　　　　　　　　　　　　D. 水锤泵

20. 10kPa 的通风机应选用（　　）通风机。
A. 中压离心式　　　　　　　　　　B. 中压轴流式
C. 高压离心式　　　　　　　　　　D. 高压轴流式

21. 煤气热值高且稳定，操作弹性大，自动化程度高，劳动强度低，适用性强，不污染环境，节水显著，占地面积小，输送距离长，长期运行成本低的煤气发生炉为（　　）。
A. 单段式煤气发生炉　　　　　　　B. 双段式煤气发生炉
C. 三段式煤气发生炉　　　　　　　D. 干馏式煤气发生炉

22. 下列不属于煤气发生设备的是（　　）。
A. 煤气发生炉　　　　　　　　　　B. 煤气洗涤塔
C. 电气滤清器　　　　　　　　　　D. 裂化炉

23. 编制工程量清单时，斗式提升机安装项目特征描述中除包括名称、型号外还要求有（　　）。
A. 槽宽　　　　　　　　　　　　　B. 单机试运转要求
C. 驱动装置组数　　　　　　　　　D. 长度

24. 锅炉的构造、容量、参数和运行的经济性等特点通常用特定指标来表达，表明锅炉热经济性的指标是（　　）。
A. 受热面发热率　　　　　　　　　B. 受热面蒸发率
C. 锅炉热效率　　　　　　　　　　D. 锅炉蒸发量

25. 额定蒸发量 1.5t/h 的锅炉，其水位计和安全阀（不包括省煤器上的安全阀）的安装数量为（　　）。
A. 一个水位计，一个安全阀　　　　B. 一个水位计，至少两个安全阀
C. 两个水位计，一个安全阀　　　　D. 两个水位计，至少两个安全阀

26. 当采用火焰烘炉时，对于（　　）温升不应大于 80℃/d，后期烟温不应大于 160℃。
A. 重型炉墙　　　　　　　　　　　B. 砖砌轻型炉墙
C. 耐火浇注料炉墙　　　　　　　　D. 全耐火陶瓷纤维保温的轻型炉墙

27. 在锅炉施工过程中，煮炉的目的是除掉锅炉中的油污和铁锈等，可以用来煮炉的药品不包括（　　）。
A. 氢氧化钠　　　　　　　　　　　B. 碳酸钠
C. 磷酸三钠　　　　　　　　　　　D. 硫酸钙

28. 锅筒工作压力为 0.8MPa，水压试验压力为（　　）。
A. 锅筒工作压力的 1.5 倍，但不小于 0.2MPa
B. 锅筒工作压力的 1.4 倍，但不小于 0.2MPa
C. 锅筒工作压力的 1.3 倍，但不小于 0.2MPa
D. 锅筒工作压力的 1.2 倍，但不小于 0.2MPa

29. 采用离心力原理除尘，结构简单，处理烟尘量大，造价低，管理维护方便，效率一般可达到 85% 的除尘器是（　　）。
A. 麻石水膜除尘器　　　　　　　　B. 旋风除尘器

C. 静电除尘器 D. 冲激式除尘器

30. 计量单位为 t 的是（　　）。
A. 烟气换热器 B. 真空皮带脱水机
C. 吸收塔 D. 旋流器

31. 传热面积大，传热效果好，结构简单，制造的材料范围广，在高温高压的大型装置上采用较多的换热器为（　　）。
A. 夹套式换热器 B. 列管式换热器
C. 套管式换热器 D. 蛇管式换热器

32. 能有效地防止风、砂、雨、雪或灰尘的浸入，使液体无蒸气空间，可减少蒸发损失，减少空气污染的贮罐为（　　）。
A. 浮顶 B. 固定顶
C. 无力矩顶 D. 内浮顶

33. 工作原理与雨淋系统相同，不具备直接灭火能力，一般情况下与防火卷帘或防火幕配合使用，该自动喷水灭火系统为（　　）系统。
A. 预作用 B. 水幕
C. 干湿两用 D. 重复启闭预作用

34. 喷头安装正确的为（　　）。
A. 喷头直径>10mm 时，配水管上宜装过滤器
B. 系统试压冲洗前安装
C. 不得对喷头拆装改动，不得附加任何装饰性涂层
D. 通风管道宽度大于 1m 时，喷头安在腹面以下部位

35. 在大气层中自然存在，适用于经常有人工作的场所，可用于扑救电气火灾，液体火灾或可溶化的固体火灾，该气体灭火系统为（　　）。
A. IG541 B. 热气溶胶
C. CO_2 D. 七氟丙烷

36. 不能扑灭流动着的可燃液体或气体火灾的泡沫灭火系统为（　　）。
A. 高倍数泡沫灭火系统 B. 中倍数泡沫灭火系统
C. 低倍数泡沫灭火系统 D. 中高倍数泡沫灭火系统

37. 发金白色光，发光效率高的灯具为（　　）。
A. 高压水银灯 B. 卤钨灯
C. 氙灯 D. 高压钠灯

38. 被测对象是导电物体时，应选用（　　）接近开关。
A. 电容式 B. 涡流式
C. 霍尔 D. 光电式

39. Y 系列电动机型号分 6 部分，其中有（　　）。
A. 极数，额定功率 B. 极数，电动机容量
C. 环境代号，电机容量 D. 环境代号，极数

40. 4 根单芯截面为 $6mm^2$ 的导线应穿钢管直径为（　　）。

A. 15mm B. 20mm
C. 25mm D. 32mm

二、**多项选择题**（共20题，每题1.5分。每题的备选项中，有2个或2个以上符合题意至少有1个错项。错选，本题不得分；少选，所选的每个选项得0.5分）

41. 关于可锻铸铁的性能，说法正确的有（　　）
A. 较高的强度、塑性和冲击韧性
B. 可生产汽缸盖、汽缸套等铸件
C. 黑心可锻铸铁依靠石墨化退火获得
D. 与球墨铸铁比成本低，质量稳定，处理工艺简单

42. 下列关于塑钢复合材料的性能，说法正确的有（　　）。
A. 化学稳定性好，耐油及醇类差
B. 绝缘性及耐磨性好
C. 深冲加工时不分离，冷弯大于120℃不分离开裂
D. 具有低碳钢的冷加工性能

43. 关于环氧树脂的性能，说法正确的有（　　）。
A. 良好的耐磨性，但耐碱性差
B. 涂膜有良好的弹性与硬度，但收缩率较大
C. 若加入适量呋喃树脂，可提高使用温度
D. 热固型比冷固型的耐温与耐腐蚀性能好

44. 关于松套法兰的特点，说法正确的有（　　）。
A. 分焊环、翻边和搭焊法兰
B. 法兰可旋转，易对中，用于大口径管道
C. 适用于定时清洗和检查，需频繁拆卸的地方
D. 法兰与管道材料可不一致

45. 对于多模光纤的主要缺点，说法正确的有（　　）。
A. 光源要求高，只能与激光二极管配合　　B. 传输频带窄
C. 传输距离近　　D. 芯线细，能量小

46. 关于摩擦焊的特点，说法正确的有（　　）。
A. 可控性好，质量稳定，焊件精度高　　B. 可取代电弧焊、电阻焊、闪光焊
C. 用于熔焊、电阻焊不能焊的异种金属　　D. 劳动条件差、有弧光、烟尘射线污染

47. 特殊型坡口主要有（　　）。
A. 卷边坡口　　B. 塞、槽焊坡口
C. 带钝边U形坡口　　D. 带垫板坡口

48. 钢材表面处理要求有（　　）。
A. 普通钢材喷砂除锈，表面达到Sa2.5
B. 喷砂后钢材4h内完成至少二道油漆
C. 无机磷酸盐长效型富锌漆作为底漆，需先喷砂，不能带锈涂刷
D. 镀锌层采用轻扫级喷砂法，然后涂环氧铁红防锈漆

49. 关于酸洗法的描述，正确的有（   ）。

A. 循环酸洗法各回路不大于 300m

B. 酸洗时可采用脱脂、酸洗、中和、钝化四工序合一的清洗液

C. 液压站至使用点采用槽式酸洗法

D. 酸洗合格后，如不能马上使用，应采用充氨保护措施

50. 根据《通用安装工程工程量计算规范》GB 50856—2013 的规定，清单项目的五要素有（   ）。

A. 项目名称　　　　　　　　　　　B. 项目特征

C. 计量单位　　　　　　　　　　　D. 工程量计量规则

51. 属于专业措施项目的有（   ）。

A. 行车梁加固　　　　　　　　　　B. 电缆试验

C. 地震防护　　　　　　　　　　　D. 顶升装置拆除安装

52. 安全文明施工内容有（   ）。

A. 生活垃圾外运　　　　　　　　　B. 现场防扰民

C. 现场操作场地硬化　　　　　　　D. 大口径管道的通风措施

53. 活塞式压缩机的性能特点有（   ）。

A. 速度低，损失小　　　　　　　　B. 小流量，超高压范围内不适用

C. 旋转零部件采用高强度合金钢　　D. 外形尺寸大，重量大，结构复杂

54. 机械设备以台为单位的有（   ）。

A. 直流电梯　　　　　　　　　　　B. 冷水机组

C. 多级离心泵　　　　　　　　　　D. 风力发电机

55. 热水锅炉供热水系统组成设备与附件有（   ）。

A. 过热器　　　　　　　　　　　　B. 换热器

C. 冷却器　　　　　　　　　　　　D. 分水器

56. 抱杆倒装法适合于（   ）。

A. 拱顶 600m^3　　　　　　　　　B. 无力矩顶 700m^3

C. 内浮顶 1000m^3　　　　　　　D. 浮顶 3500m^3

57. 消防水池设置正确的为（   ）。

A. 生产生活用水达最大，市政不能满足

B. 只有一条引入管，室外消火栓设计流量大于 20L/s

C. 只有一路消防供水，建筑高于 80m

D. 两路供水，消防水池有效容积不应小于 40m^3

58. 消防工程以组为单位的有（   ）。

A. 湿式报警阀　　　　　　　　　　B. 压力表安装

C. 末端试水装置　　　　　　　　　D. 试验管流量计安装

59. 有保护功能的继电器（   ）。

A. 时间继电器　　　　　　　　　　B. 中间继电器

C. 热继电器　　　　　　　　　　　D. 电压继电器

60. 配管符合要求的有（　　）。

A. 暗配的镀锌钢导管与盒箱可采用焊接连接

B. 明配的钢导管与盒箱连接应采用螺纹连接

C. 钢导管接到设备接线盒内，与用电设备直接连接

D. 钢导管柔性导管过渡到用电设备接线盒间接连接

选做部分

一、(61~80题) 管道和设备工程

61. 利用水箱减压，适用于允许分区设备水箱，电力供应充足，电价较低的各类高层建筑，水泵数目少，维护管理方便，分区水箱容积小，少占建筑面积，下区供水受上区限制，屋顶箱容积大，这种供水方式为（　　）。

A. 分区并联给水　　　　　　　　　B. 分区串联给水

C. 分区水箱减压给水　　　　　　　D. 分区减压阀减压给水

62. 高级民用建筑室内给水，$D_e \leq 63mm$ 时热水管选用（　　）。

A. 给水聚丙烯　　　　　　　　　　B. 给水聚氯乙烯

C. 给水聚乙烯　　　　　　　　　　D. 给水衬塑铝合金

63. 室内给水管上阀门设置正确的为（　　）。

A. $DN \leq 50mm$，使用闸阀和蝶阀　　B. $DN \leq 50mm$，使用闸阀和球阀

C. $DN > 50mm$，使用闸阀和球阀　　D. $DN > 50mm$，使用球阀和蝶阀

64. 热源和散热设备分开设置，由管网将它们连接，以锅炉房为热源作用于一栋或几栋建筑物的采暖系统类型为（　　）。

A. 局部采暖系统　　　　　　　　　B. 分散采暖系统

C. 集中采暖系统　　　　　　　　　D. 区域采暖系统

65. 热水采暖系统正确的为（　　）。

A. 重力循环单管上供下回式升温慢，压力易平衡

B. 重力循环双管上供下回式散热器并联，可单独调节

C. 机械循环水平单管串联型构造简单，环路少，经济性好

D. 机械循环双管中供式排气方便，对楼层扩建有利

66. 采用无缝钢管焊接成型，构造简单，制作方便，使用年限长，散热面积大，适用范围广，易于清洁，较笨重，耗钢材，占地面积大的散热器类型为（　　）

A. 扁管型　　　　　　　　　　　　B. 光排管

C. 翼型　　　　　　　　　　　　　D. 钢制翅片管

67. 室外管道碰头正确的为（　　）。

A. 不包括工作坑，土方回填

B. 带介质管道不包括开关闸、临时放水管线

C. 适用于新建扩建热源、水源、气源与原旧有管道碰头

D. 热源管道碰头供回水接头分别计算

68. 通过有组织的气流流动，控制有害物的扩散和转移，保证操作人员呼吸区内的空气达到卫生标准，具有通风量小，控制效果好的优点的通风方式是（   ）。
   A. 稀释通风   B. 单向流通风
   C. 均匀通风   D. 置换通风

69. 室外排风口的位置应设在（   ）。
   A. 有害气体散发量最大处   B. 建筑物外墙靠近事故处
   C. 高出 20m 内建筑物最高屋面 3m 处   D. 人员经常通行处

70. 通风机按用途可分为（   ）
   A. 高温通风机   B. 排气通风机
   C. 贯流通风机   D. 防腐通风机

71. 可用于大断面风管的风阀有（   ）。
   A. 蝶式调节阀   B. 菱形单叶调节阀
   C. 菱形多叶调节阀   D. 平行式多叶调节阀

72. 塔内设有开孔率较大的筛板，筛板上放置一定数量的轻质小球，相互碰撞，吸收剂自上向下喷淋。加湿小球表面，进行吸收，该设备是（   ）。
   A. 筛板塔   B. 喷淋塔
   C. 填料塔   D. 湍流塔

73. 高层建筑的垂直立管通常采用（   ），各并联环路的管路总长度基本相等，各用户盘管的水阻力大致相等，系统的水力稳定性好，流量分布均匀。
   A. 同程式   B. 异程式
   C. 闭式   D. 定流量

74. 空调冷凝水管宜采用（   ）。
   A. 聚氯乙烯管   B. 橡胶管
   C. 热镀锌钢管   D. 焊接钢管

75. 热力管道数量少，管径较小，单排，维修量不大，宜采用的敷设方式为（   ）。
   A. 通行地沟   B. 半通行地沟
   C. 不通行地沟   D. 直接埋地

76. 油水分离器的类型有（   ）。
   A. 环形回转式   B. 撞击折回式
   C. 离心旋转式   D. 重力分离式

77. 钛管与其他金属管道连接方式为（   ）。
   A. 焊接   B. 焊接法兰
   C. 活套法兰   D. 卡套

78. 衬胶所用橡胶材料为（   ）。
   A. 软橡胶   B. 半硬橡胶
   C. 硬橡胶   D. 硬与软橡胶

79. 公称直径大于 6mm 的高压奥氏体不锈钢探伤，不能采用（   ）。
   A. 磁力   B. 荧光

C. 着色 D. 超声波探伤

80. 依据《通用安装工程工程量计算规范》GB 50856—2013，对于在工业管道主管上挖眼接管的三通，下列关于工程量计量表述正确的有（　　）。

A. 三通不计管件制作工程量
B. 三通支线管径小于主管径 1/2 时，不计算管件安装工程量
C. 三通以支管径计算管件安装工程量
D. 三通以主管径计算管件安装工程量

二、(81～100题) 电气和自动化控制工程

81. 控制室的主要作用是（　　）。

A. 接受电力 B. 分配电力
C. 预告信号 D. 提高功率因数

82. 具有明显的断开间隙，具有简单的灭电弧装置，能通断一定的负荷电流和过负荷电流，但不能断开短路电流的为（　　）。

A. 高压断路器 B. 高压负荷开关
C. 隔离开关 D. 避雷器

83. 郊区 0.4kV 室外架空导线应用的导线为（　　）。

A. 钢芯铝绞线 B. 铜芯铝绞线
C. 多芯铝绞绝缘线 D. 多芯铜绞绝缘线

84. 配线进入箱、柜、板的预留长度为（　　）。

A. 高＋宽 B. 高
C. 宽 D. 0.3m

85. 在土壤条件极差的山石地区、避雷接地系统的接地设置安装正确的有（　　）。

A. 接地极应垂直敷设 B. 接地极应水平敷设
C. 接地装置可采用非镀锌扁钢或圆钢 D. 接地装置全部采用镀锌扁钢

86. 依据《通用安装工程工程量计算规范》GB 50856—2013，电气设备安装工程量计算规则，配线进入箱、柜、板的预留长度应为盘面尺寸（　　）。

A. 高＋宽 B. 高
C. 宽 D. 按实计算

87. 自动控制系统中，对系统输出有影响的信号为（　　）。

A. 反馈信号 B. 偏差信号
C. 误差信号 D. 扰动信号

88. 广泛用于各种骨干网络内部连接，骨干网间互联和骨干网与互联网互联互通业务，能在网络环境中建立灵活的连接，可用完全不同的数据分组和介质访问方法连接各种子网，该网络设备为（　　）。

A. 集线器 B. 交换线
C. 路由器 D. 网卡

89. 有线电视系统安装时，室外线路敷设正确的做法有（　　）。

A. 用户数量和位置变动较大时，可架空敷设

B. 用户数量和位置比较稳定时,可直接埋地敷设

C. 有电力电缆管道时,可共管孔敷设

D. 可利用架空通信、电力杆路敷设

90. 程控用户交换机进入市内电话局的中继线数设计宜符合相关规定,交换设备的容量在50门以内,中继线数在五对以下时,应采用(　　)中继方式。

A. 双向 B. 单向

C. 大部分双向、小部分单向 D. 小部分双向、大部分单向

91. 用于石油、化工、食品等生产过程中测量具有腐蚀性、高黏度、易结晶、含有固体状颗粒、温度较高的液体介质的压力时,应选用的压力检测仪表为(　　)。

A. 隔膜式压力表 B. 电接点压力表

C. 远传压力表 D. 活塞式压力表

92. 具有判断网络地址和选择IP路径的功能,能在多网络互联环境中建立灵活的连接,可用完全不同的数据分组和介质访问方法连接各种子网,该网络设备为(　　)。

A. 交换机 B. 路由器

C. 网卡 D. 集线器

93. 卫星电视接收系统中,将卫星天线收到的微弱信号进行低噪声放大、变频的设备为(　　)。

A. 调制器 B. 调谐器

C. 放大器 D. 高频头

94. 在电话通信线缆安装中,建筑物内普通用户线宜采用(　　)。

A. 铜芯塑料护套电控 B. 同轴电缆

C. 铜芯对绞用户线 D. 铜芯平行用户线

95. 安全防范自动化系统中的(　　)是用来探测入侵者移动或其他动作的电子和机械部件。

A. 探测器 B. 信道

C. 控制器 D. 控制中心

96. 在楼宇自动化系统的子系统中,(　　)又称SAS,一般包括出入口控制系统、防盗报警系统、闭路电视监视系统以及保安人员巡逻管理系统。

A. 电梯监控系统 B. 消防监控系统

C. 保安监控系统 D. 供配电监控系统

97. 属于面型探测器的有(　　)。

A. 声控探测器 B. 平行线电场畸变探测器

C. 超声波探测器 D. 微波入侵探测器

98. 闭路监控系统信号传输距离较远时,应采用的传输方式为(　　)。

A. 基带传输 B. 射频传输

C. 微波传输 D. 光纤传输

99. 它是系统中央处理单元,连接各功能模块和控制装置,具有集中监视管理系统生成及诊断功能,它是(　　)。

A. 主控模块 B. 网络隔离器
C. 门禁读卡模块 D. 门禁读卡器

100. 综合布线系统是一个极其灵活的、模块化的布线系统,它的布线子系统包括( )。

A. 建筑群干线子系统布线 B. 建筑物干线子系统布线
C. 设备运行管理与监控子系统布线 D. 工作区布线

2018年度全国一级造价工程师职业资格考试试卷参考答案
《建设工程技术与计量（安装工程）》

必做部分

一、单项选择题

1. B	2. A	3. C	4. D	5. A
6. B	7. A	8. A	9. C	10. A
11. D	12. D	13. D	14. A	15. C
16. B	17. B	18. C	19. B	20. C
21. B	22. D	23. B	24. C	25. D
26. B	27. D	28. A	29. B	30. C
31. B	32. D	33. B	34. C	35. A
36. C	37. D	38. B	39. D	40. B

二、多项选择题

41. ACD	42. BCD	43. CD	44. BCD	45. BC
46. ABC	47. ABD	48. AD	49. ABD	50. ABC
51. ACD	52. ABC	53. AD	54. BC	55. BD
56. AB	57. AB	58. AC	59. CD	60. BCD

选做部分

一、管道和设备工程

61. C	62. AD	63. B	64. C	65. ABC
66. B	67. C	68. B	69. B	70. AC
71. CD	72. D	73. A	74. AC	75. C
76. ABC	77. C	78. BCD	79. BC	80. ABD

二、电气和自动化控制工程

81. C	82. B	83. C	84. A	85. BD
86. A	87. D	88. C	89. ABD	90. A
91. A	92. B	93. D	94. CD	95. A
96. C	97. B	98. BCD	99. A	100. ABD

2019 年度全国一级造价工程师职业资格考试试卷
《建设工程技术与计量（安装工程）》

必做部分

一、单项选择题（共40题，每题1分。每题的备选项中，只有1个最符合题意）

1. 钢材元素中，含量较多会严重影响钢材冷脆性的元素是（　　）。
   A. 硫   B. 磷
   C. 硅   D. 锰

2. 某种钢材含碳量小于0.8%，其所含的硫、磷及金属夹杂物较少，塑性和韧性较高，广泛应用于机械制造，当含碳量较高时，具有较高的强度和硬度，主要制造弹簧和耐磨零件，此种钢材为（　　）。
   A. 普通碳素结构钢   B. 优质碳素结构钢
   C. 普通低合金钢   D. 优质低合金钢

3. 某酸性耐火材料，抗酸性炉渣侵蚀能力强，易受碱性炉渣侵蚀，主要用于焦炉，玻璃熔窑、酸性炼钢炉等热工设备，该耐火材料为（　　）。
   A. 硅砖   B. 铬砖
   C. 镁砖   D. 碳砖

4. 应用于温度在700℃以上高温绝热工程，宜选用的多孔质保温材料为（　　）。
   A. 石棉   B. 蛭石
   C. 泡沫混凝土   D. 硅藻土

5. 某塑料制品分为硬、软两种。硬制品密度小，抗拉强度较好，耐水性、耐油性和耐化学药品侵蚀性好，用来制作化工、纺织等排污、气、液输送管；软塑料常制成薄膜，用于工业包装等。此塑料制品材料为（　　）。
   A. 聚乙烯   B. 聚四氟乙烯
   C. 聚氯乙烯   D. 聚苯乙烯

6. 某塑料管材无毒、质量轻、韧性好、可盘绕、耐腐蚀，常温下不溶于任何溶剂，强度较低，一般适宜于压力较低的工作环境，其耐热性能不好，不能作为热水管使用。该管材为（　　）。
   A. 聚乙烯管   B. 聚丙烯管
   C. 聚丁烯管   D. 工程塑料管

7. 机械强度高，粘结力大，涂层使用温度在-40~150℃之间，防腐寿命在50年以上，广泛用于设备管道的防腐处理，此种涂料为（　　）。
   A. 聚氨基甲酸酯漆   B. 沥青耐酸漆
   C. 环氧煤沥青   D. 呋喃树脂漆

8. 多用于有色与不锈钢管道上，适用于管道需要频繁拆卸以供清洗检查的地方，此种连接方式为（　　）。

  A. 平焊法兰　　　　　　　　　　　　B. 螺纹法兰

  C. 对焊法兰　　　　　　　　　　　　D. 松套法兰

9. 在管道上主要用于切断、分配和改变介质流动方向，设计成 V 形开口的球阀还具有较好的流量调节功能。不仅适用于水、溶剂、酸和天然气等一般工作介质，而且还适用于工作条件恶劣的介质，如氧气、过氧化氢、甲烷和乙烯等，且适用于含纤维、微小固体颗料等介质。该阀门为（　　）。

  A. 疏水阀　　　　　　　　　　　　　B. 球阀

  C. 安全阀　　　　　　　　　　　　　D. 蝶阀

10. 电缆型号为：$NHVV_{22}$（3×25+1×16）表示的是（　　）。

  A. 铜芯、聚氯乙烯绝缘和护套、双钢带铠装、三芯 $25mm^2$、一芯 $16mm^2$ 阻燃电力缆

  B. 铜芯、聚氯乙烯绝缘和护套、钢带铠装、三芯 $25mm^2$、一芯 $16mm^2$ 阻燃电力电缆

  C. 铜芯、聚氯乙烯绝缘和护套、双钢带铠装、三芯 $25mm^2$、一芯 $16mm^2$ 耐火电力电缆

  D. 铜芯、聚氯乙烯绝缘和护套、钢带铠装、三芯 $25mm^2$、一芯 $16mm^2$ 耐火电力电缆

11. 某焊接方式具有熔深大，生产效率和机械化程度高等优点，适用于焊接中厚板结构的长焊缝和大直径圆筒等，此焊接方式为（　　）。

  A. 手弧焊　　　　　　　　　　　　　B. 埋弧焊

  C. 等离子弧焊　　　　　　　　　　　D. 电渣焊

12. 适用于受力不大，焊接部位难以清理的焊件，且对铁锈、氧化皮、油污不敏感的焊条为（　　）。

  A. 酸性焊条　　　　　　　　　　　　B. 碱性焊条

  C. 底层焊条　　　　　　　　　　　　D. 低硅焊条

13. 50mm 厚的高压钢管焊接坡口为（　　）。

  A. V 形　　　　　　　　　　　　　　B. I 形

  C. U 形　　　　　　　　　　　　　　D. V 形或 U 形

14. 气焊焊口应采用的热处理方式为（　　）。

  A. 正火处理　　　　　　　　　　　　B. 高温回火

  C. 正火加高温回火　　　　　　　　　D. 去应力退火

15. 涂装质量好，工件各个部位如内层，凹陷，焊缝等处都能获得均匀平滑的漆膜，此种涂料涂层施工方法为（　　）。

  A. 压缩空气喷涂法　　　　　　　　　B. 静电喷涂法

  C. 高压无空气喷涂法　　　　　　　　D. 电泳涂装法

16. 软质或半硬质金属保护层的搭接缝可用（　　）。

  A. 抽芯铆钉　　　　　　　　　　　　B. 胶泥严缝

  C. 自攻螺钉　　　　　　　　　　　　D. 钢带捆扎

17. 适用于某一范围内数量多，而每一单件重量较小的设备，构件吊装，作业周期长的起重机为（　　）。

A. 流动式起重机 B. 塔式起重机
C. 门座式起重机 D. 桅杆式起重机

18. 流动式起重机的特性曲线内,考虑起重机的整体抗倾覆能力和起重臂的稳定性等因素的曲线是（　　）。

A. 起升高度特性曲线 B. 伏安特性曲线
C. 起重量特性曲线 D. 传输特性曲线

19. 直径 600mm,长度 6000m 的气体管道冲洗方法为（　　）。

A. 氢气 B. 蒸汽
C. 压缩空气吹扫 D. 空气爆破法吹扫

20. 埋地钢管工作压力为 0.5MPa,水压试验压力为（　　）MPa。

A. 0.4 B. 0.5
C. 0.75 D. 1

21. 根据《通用安装工程工程适量规范》GB 50856—2013 规定,附录 D（编码：0304）的专业工程为（　　）。

A. 电气设备工程 B. 热力设备安装工程
C. 机械设备安装工程 D. 自动化控制仪表安装工程

22. 根据《通用安装工程工程适量规范》GB 50856—2013 规定,机械设备安装工程基本安装高度为（　　）。

A. 5m B. 6m
C. 10m D. 12m

23. 对表面粗糙度 Ra 为 0.2～0.8m 的金属表面进行除锈,常用的除锈方法是（　　）。

A. 用钢丝刷刷洗除锈
B. 用非金属刮具沾机械油擦拭除锈
C. 用细油石砂布沾机械油擦拭除锈
D. 用粒度为 240 号纱布沾机械油擦拭除锈

24. 某地脚螺栓可拆卸,螺栓比较长,一般都是双头螺纹或一头 T 字形的形式,适用于有强烈震动和冲击的重型设备固定。该地脚螺栓为（　　）。

A. 固定地脚螺栓 B. 胀锚固地脚螺栓
C. 活动地脚螺栓 D. 粘接地脚螺栓

25. 按《电梯主参数及轿厢、井道、机房的型式与尺寸》GB/T 7025.1—2008 规定,电梯分为 6 类,其中Ⅲ类电梯指的是（　　）。

A. 为运送病床（包括病人）及医疗设备设计的电梯
B. 主要为运送通常由人伴随的货物而设计的电梯
C. 为适应交通流量和频繁使用而特别设计的电梯
D. 杂物电梯

26. 通风机作用原理分类,下列属于往复式风机的是（　　）。

A. 滑片式风机 B. 罗茨式风机
C. 混流式风机 D. 隔膜式风机

27. 它是煤气发生设备的部分，用于含有少量粉尘的煤气混合气体的分离，该设备为（　　）。
   A. 焦油分离机　　　　　　　　　　B. 电气滤清器
   C. 煤气洗涤塔　　　　　　　　　　D. 旋风除尘器

28. 它属于锅炉汽-水系统的部分，经软化，除氧等处理的水由给水泵加压送入该设备，水在该设备中获得升温后进入锅炉的锅内，该设备为（　　）。
   A. 蒸汽过热器　　　　　　　　　　B. 省煤器
   C. 空气预热器　　　　　　　　　　D. 水预热器

29. 根据《锅炉产品型号编制方法》JB/T 1626—2002 中有关燃料品种分类代号的规定，燃料品种种类代号为 YM 指的是（　　）。
   A. 褐煤　　　　　　　　　　　　　B. 木柴
   C. 柴油　　　　　　　　　　　　　D. 油页岩

30. 某除尘设备适合处理烟气量大和含尘浓度高的场合，即可单独采用，也可安装在文丘里洗涤器后作脱水器使用，该设备是（　　）。
   A. 麻石水膜除尘器　　　　　　　　B. 旋风除尘器
   C. 旋风水膜除尘器　　　　　　　　D. 冲激式除尘器

31. 依据《通用安装工程工程量计算规范》GB 50856—2013，中压锅炉烟、风、煤管道安装应根据项目特征，按设计图示计算。其计量单位为（　　）。
   A. t　　　　　　　　　　　　　　　B. m
   C. m^2　　　　　　　　　　　　　D. 套

32. 某消火栓给水系统适用于室外管网能满足生活、生产和消防的用水量，当用水量最大时，管网压力不能保证最高、最远端消火栓用水要求，当用水量较小时，管网压力较大，可补给水箱满足 10min 的消防用水量。此系统是（　　）。
   A. 仅设水箱的室内消火栓给水系统
   B. 设消防水泵和水箱的室内消火栓给水系统
   C. 区域集中的室内高压消火栓给水系统
   D. 分区给水的室内消火栓给水系统

33. 按照气体灭火系统中储存装置的安装要求，下列选项表述正确的是（　　）。
   A. 容器阀和集流管之间采用镀锌钢管连接
   B. 储存装置的布置应便于操作，维修，操作面距墙面不宜小于 1.0m，且不小于储存容器外径 1.5 倍
   C. 在储存容器上不得设置安全阀
   D. 当保护对象是可燃液体时，喷头射流方向应朝向液体表面

34. 干粉灭火系统由干粉灭火设备和自动控制两大部分组成，关于其特点和适用范围下列表述正确的是（　　）。
   A. 占地面积小，但造价高
   B. 适用于硝酸纤维等化学物质的火灾
   C. 适用于灭火前未切断气源的气体火灾

D. 不冻结，尤其适合无水及寒冷地区

35. 依据《通用安装工程工程量计算规范》GB 50856—2013，干湿两用报警装置清单项目不包括（　　）。

   A. 压力开关
   B. 排气阀
   C. 水力警铃进水管
   D. 装配管

36. 在常用的电光源中，属于气体放电发光电光源的是（　　）。

   A. 白炽灯
   B. 荧光灯
   C. 卤钨灯
   D. LED灯

37. 关于插座接线下列说法正确的是（　　）。

   A. 同一场所的三相插座，其接线的相序应一致
   B. 保护接地导体在插座之间应串联连接
   C. 相线与中性导体应利用插座本体的接线端子转接供电
   D. 对于单相三孔插座，面对插座的左孔与相线连接，右孔应与中性导体连接

38. 长期不用电机的绝缘电阻不能满足相关要求时，必须进行干燥。下列选项中属于电机通电干燥法的是（　　）。

   A. 外壳铁损干燥法
   B. 灯泡照射干燥法
   C. 电阻器加盐干燥法
   D. 热风干燥法

39. 具有限流作用及较高的极限分断能力是其主要特点，常用于要求较高的，具有较大短路电流的电力系统和成套配电装置中，此种熔断器是（　　）。

   A. 自复式熔断器
   B. 螺旋式熔断器
   C. 填充料式熔断器
   D. 封闭式熔断器

40. 依据《建筑电气工程施工质量验收规范》GB 50303—2015，电气导管在无保温措施的热水管道上面平行敷设时，导管与热水管间的最小距离应为（　　）。

   A. 200mm
   B. 300mm
   C. 400mm
   D. 500mm

二、多项选择题（共20题，每题1.5分。每题的备选项中，有2个或2个以上符合题意至少有1个错项。错选，本题不得分；少选，所选的每个选项得0.5分）

41. 球墨铸铁是应用较广泛的金属材料，属于球墨铸铁性能特点的有（　　）。

   A. 综合机械性能接近钢
   B. 铸造性能很好，成本低廉
   C. 成分要求不严格
   D. 其中的石墨呈团絮状

42. 按基体类型分类，属于热固性树脂基复合材料的是（　　）。

   A. 聚丙烯基复合材料
   B. 橡胶基复合材料
   C. 环氧树脂基复合材料
   D. 聚氨酯树脂基复合材料

43. 碱性焊条熔渣的主要成分是碱性氧化物，碱性焊条具有的特点为（　　）。

   A. 熔渣脱氧较完全，合金元素烧损少
   B. 焊缝金属的力学性能和抗裂性均较好
   C. 可用于合金钢和重要碳钢结构焊接
   D. 不能有效消除焊缝金属中的硫、磷

44. 金属缠绕垫片是由金属带和非金属带螺旋复合绕制而成的一种半金属平垫片，具有的特点是（　　）。

A. 压缩、回弹性能好 B. 具有多道密封但无自紧功能
C. 对法兰压紧面的表面缺陷不太敏感 D. 容易对中，拆卸方便

45. 同轴电缆具有的特点有（　　）。
A. 随着温度升高，衰减值减少 B. 损耗与工作频率的平方根成正比
C. 50Ω电缆多用于数字传输 D. 75Ω电缆多用于模拟传输

46. 氧-丙烷火焰切割的优点有（　　）。
A. 安全性高 B. 对环境污染小
C. 切割面粗糙度低 D. 火焰温度高

47. 超声波探伤具有的特点是（　　）。
A. 具有较高的探伤灵敏度、效率高 B. 对缺陷观察有直观性
C. 对试件表面没有特殊要求 D. 适合于厚度较大试件的检验

48. 铸石作为耐磨、耐腐蚀衬里，主要特性为（　　）。
A. 腐蚀性能强，能耐氢氟酸腐蚀 B. 耐磨性好，比锰钢高5～10倍
C. 硬度高，仅次于金刚石和刚玉 D. 应用广，可用于各种管道防腐内衬

49. 有防锈要求的脱脂件经脱脂处理后，宜采用的封存方式为（　　）。
A. 充氮气封存 B. 充空气封存
C. 充满水封存 D. 气相防锈纸封存

50. 依据《通用安装工程工程量计算规范》GB 50856—2013，在编制某建设项目分部分项工程量清单时，必须包括五部分内容，其中有（　　）。
A. 项目名称 B. 项目编码
C. 计算规则 D. 工作内容

51. 《通用安装工程工程量计算规范》GB 50856—2013规定，以下选项中属于专业措施项目的是（　　）。
A. 二次搬运 B. 吊装加固
C. 模具制作、安装、拆除 D. 平台铺设、拆除

52. 依据《通用安装工程工程量计算规范》规定，以下选项属于通用措施项目的有（　　）。
A. 非夜间施工增加 B. 脚手架搭设
C. 高层施工增加 D. 工程系统检测

53. 对于提升倾角大于20°的散装固体物料，通常采用的提升输送机有（　　）。
A. 斗式输送机 B. 吊斗提升机
C. 螺旋输送机 D. 槽型带式输送机

54. 同工况下，轴流泵与混流泵、离心泵相比，其特点和性能有（　　）。
A. 适用于低扬程大流量送水 B. 轴流泵的比转数高于混流泵
C. 扬程介于离心泵与混流泵之间 D. 流量小于混流泵，高于离心泵

55. 风机运转时应符合相关规范要求，下面表述正确的有（　　）。
A. 风机试运转时，以电动机带动的风机均应经一次启动立即停止运转的试验
B. 风机启动后，转速不得在临界转速附近停

C. 风机运转中轴承的进油温度应高于 40℃
D. 风机的润滑油冷却系统中的冷却压力必须低于油压

56. 液位检测表（水位计）用于指示锅炉内水位的高低，在安装时应满足设要求。下列表述正确的是（　　）。
A. 蒸发量大于 0.2t/h 的锅炉，每台锅炉应安装两个彼此独立的水位计
B. 水位计与锅筒之间的汽-水连接管长度应小于 500mm
C. 水位计距离操作地面高于 6m 时，应加装远程水位显示装置
D. 水位计不得设置放水管及放水阀门

57. 水喷雾灭火系统的特点及使用范围有（　　）。
A. 高速水雾系统可扑灭 A 类固体火灾和 C 类电气设备火灾
B. 中速水雾系统适用于扑灭 B 类可燃性液体火和 C 类电气设备火灾
C. 要求的水压高于自动喷水系统，水量也较大，故使用中受一定限制
D. 一般适用于工业领域中的石化、交通和电力部门

58. 泡沫灭火系统按泡沫灭火剂的使用特点，分为抗溶性泡沫灭火剂及（　　）。
A. 水溶性泡沫灭火剂　　　　　　　　B. 非水溶性泡沫灭火剂
C. A 类泡沫灭火剂　　　　　　　　　D. B 类泡沫灭火剂

59. 下列自动喷水灭火系统中，可用在不允许有水渍损失的建筑物内的是（　　）。
A. 重复启闭预作用灭火系统　　　　　B. 自动喷水雨淋系统
C. 自动喷水预作用系统　　　　　　　D. 水幕系统

60. 下列导线与设备工器具的选择符合规范要求的有（　　）。
A. 截面积 $6mm^2$ 单芯铜芯线与多芯软导线连接时，单芯铜导线宜搪锡处理
B. 当接线端子规格与电气器具规格不配套时，应采取降容的转接措施
C. 每个设备的端子接线不多于 2 根导线或 2 个导线端子
D. 截面积 $\leqslant 10mm^2$ 的单股铜导线可直接与设备或器具的端子连接

选做部分

共 40 题，分为两个专业组，考生可在两个专业组的 40 个试题中任选 20 题作答。按所答的前 20 题计分，每题 1.5 分。试题由单选和多选组成。错选，本题不得分；少选，所选的每个选项得 0.5 分。

一、(61~80题) 管道和设备工程

61. 为给要求供水可靠性高且不允许供水中断的用户供水，宜选用的供水方式为（　　）。
A. 环状网供水　　　　　　　　　　　B. 树状网供水
C. 间接供水　　　　　　　　　　　　D. 直接供水

62. DN100 室外给水管道，采用地上架空方式敷设，宜选用的管材为（　　）。
A. 给水铸铁管　　　　　　　　　　　B. 给水硬聚氯乙烯管
C. 镀锌无缝钢管　　　　　　　　　　D. 低压流体输送用镀锌焊接钢管

63. 硬聚氯乙烯给水管应用较广泛，下列关于此管表述正确的为（   ）。
   A. 当管外径≥63mm时，宜采用承插式粘接
   B. 适用于给水温度≤70℃，工作压力不大于0.6MPa的生活给水系统
   C. 公共建筑、车间内管道可不设伸缩节
   D. 不宜用于高层建筑的加压泵房内

64. 塑料排水管设置阻火圈的要求是（   ）。
   A. 管径大于或等于110mm
   B. 明敷立管穿越楼层的贯穿部位
   C. 横管穿越防火分区的隔墙和防火墙的两侧
   D. 横管穿越管道井井壁或管窿围护墙体的贯穿部位的两侧

65. 关于燃气表的安装位置，符合要求的是（   ）。
   A. 住宅内燃气表可安装在厨房内，且安装在燃具的正上方
   B. 法兰皮膜表的进出口管上必须装有DN10的测压点
   C. 法兰皮膜表接装时，进出口阀门宜与表法兰直接焊接
   D. 计量为10m^3/h的燃气表应固定在管道上

66. 根据《通用安装工程工程量计算规范》GB 50856—2013，给排水、采暖、燃气工程管道计量中，以"kg"计算单位的是（   ）。
   A. 光排管散热器制作安装   B. 成品支架
   C. 集气罐制作安装   D. 现场制作支架

67. 用松散多孔的固体物质，如活性炭、硅胶、活性氯化铝等，应用于低浓度有害气体的净化，特别是有机溶剂等的有害气体净化方法为（   ）。
   A. 洗涤法   B. 吸附法
   C. 袋滤法   D. 吸收法

68. 利用敷设在气流通道内的多孔吸声材料来吸收声能，具有良好的中、高频消声性能（   ）。
   A. 矿棉管式   B. 聚酯泡沫式
   C. 微穿孔板   D. 卡普隆纤维管式

69. 房间负荷全部由集中供应的冷、热水负担的系统有（   ）。
   A. 带盘管的诱导系统   B. 辐射板系统
   C. 双风管系统   D. 风机盘管系统

70. 目前大中型商业建筑空调系统中使用最广泛，小制冷量时机组能效比明显下降，负荷太低时可能发生喘振现象的电制冷装置为（   ）。
   A. 活塞式冷水机组   B. 螺杆式冷水机组
   C. 离心式冷水机组   D. 直燃型双效溴化锂冷水机组

71. 600Pa风管安装与试验应符合的要求有（   ）。
   A. 接缝和接管连接处应严密
   B. 风管在刷油、绝热前应进行严密性、漏风量检测
   C. 风管接缝处在试验压力保持10min后无开裂、无变形及损伤

D. 试验压力应为1.5倍的工作压力

72. 根据《通用安装工程量计算规范》GB 50856—2013，工程量按设计图示内径尺寸以展开面积计算的通风管道是（　　）。

A. 净化通风管道　　　　　　　　B. 复合型风管道
C. 不锈钢板通风管道　　　　　　D. 玻璃钢通风管道

73. 下列工业管道中，为GC3级的是（　　）。

A. 输送可燃、易爆液体介质，最高工作压力为10MPa的长输管道
B. 用于公用事业的热力管道
C. 输送无毒、非可燃流体介质，设计压力为1MPa且设计温度为170℃的管道
D. 城镇燃气管道

74. 不锈钢管壁厚≥3mm时，采用的焊接方法是（　　）。

A. 手工电弧　　　　　　　　　　B. 氩电联焊
C. 氩弧焊　　　　　　　　　　　D. 惰性气体保护焊

75. 关于铝及铝合金管道安装的说法，正确的是（　　）。

A. 安装前的管段调直应使用钢平台及混凝土平台等工具
B. 切割可用手工锯条，但不得使用火焰切割
C. 焊接铝锰合金铸件宜采用手工钨极氩弧焊补焊
D. 接头焊接后在空气中自然冷却

76. 高压阀门应逐个进行强度和严密性试验，并符合要求有（　　）。

A. 强度试验压力等于阀门公称压力
B. 严密性试验压力等于公称压力的1.5倍
C. 高压阀门应每批取10%且不少于一个进行解体检查
D. 在强度试验压力下稳压5min，然后在公称压力下无泄漏为合格

77. 工业管道工程中各种管道安装工程量的计量方式是（　　）。

A. 按设计管道中心线长度以"延长米"计算
B. 按设计图示数量以"个"计算
C. 按管材无损探伤长度以"m"计算
D. 按设计图示质量以"kg"计算

78. 主要用于完成介质的物理、化学反应的压力容器有（　　）。

A. 吸收塔　　　　　　　　　　　B. 铜洗塔
C. 合成塔　　　　　　　　　　　D. 气提塔

79. 球形罐与立式圆筒形储罐相比的优点是（　　）。

A. 相同容积下，球罐所需钢材面积少
B. 相同直径下，球罐应力大且不均匀
C. 球罐的板厚只需相应圆筒形容器壁板厚度的一半
D. 球罐基础工程量小，可节省土地面积

80. 不适用于锻件、管材、棒材的无损检测方法是（　　）。

A. 射线检测　　　　　　　　　　B. 渗透检测

C. 超声磁粉 D. 涡流检测

二、（81～100题）电气和自动化控制工程

81. 通断正常负荷电流，并在电路出现短路故障时自动切断电流的设备是（　　）。
A. 高压开关柜 B. 高压隔离开关
C. 高压熔断器 D. 高压断路器

82. 适用于660V及以下电力网络及配电装置，过载时起保护作用，且广泛应用于低压开关柜中的设备是（　　）。
A. RL1B系列熔断器 B. 固定式低压断路器
C. NT系列熔断器 D. 塑壳式低压断路器

83. 电缆安装工程施工时，正确的做法为（　　）。
A. 敷设电缆管时应有0.1％的排水坡度
B. 沟底敷设1kV的电力电缆与控制电缆间距不应小于10mm
C. 在室外经过农田的电缆埋设深度不应小于1m
D. 电缆穿导管敷设时，管道的内径等于电缆外径的2.5倍

84. 在高层建筑中，环绕建筑周边设置的具有防止侧向雷击作用的水平避雷装置是（　　）。
A. 避雷网 B. 避雷针
C. 引下线 D. 均压环

85. 按建筑物的防雷分类要求，属于第三类防雷建筑物的有（　　）。
A. 大型城市的重要给水水泵房 B. 预计累计次数较大的工业建筑物
C. 省级重点文物保护的建筑物 D. 国家级办公建筑物

86. 关于防雷系统安装的做法，正确的有（　　）。
A. 装有避雷针的金属筒体，且厚度为3mm时可作避雷引下线
B. 避雷带与引下线及接地装置使用的紧固件均应使用绝缘制品
C. 高40m的建筑物应设置均压环
D. 独立避雷针的接地装置与接地网的地中距离为4m

87. 在自动控制系统中，将输出信号转变、处理，传送到系统输入信号的是（　　）。
A. 反馈信号 B. 偏差信号
C. 输入信号 D. 扰动信号

88. 传感器中能将压力变化转换为电压或电流变化的传感器有（　　）。
A. 热电阻型传感器 B. 电阻式压差传感器
C. 电阻式液位传感器 D. 霍尔式压力传感器

89. 调节速度要求较低，多用于压力、流量和液位的调节上，且不能用在温度上的自动控制调节装置是（　　）。
A. 双位调节 B. 三位调节
C. 比例调节 D. 积分调节

90. 某流量计测量精度不受介质黏度、密度、温度、导电率变化的影响，但不适合测量电磁性物质。该流量测量仪表为（　　）。

A. 玻璃管转子流量计 B. 涡轮流量计
C. 电磁流量计 D. 椭圆齿轮流量计

91. 下列符合电动调节阀的安装要求的有（　　）。
A. 管道防腐试压后安装 B. 垂直安装在水平管道上
C. 一般安装在供水管上 D. 阀旁应装有旁边阀和旁通管路

92. 在通信系统线缆安装中，建筑内通信线缆宜采用（　　）。
A. KVV 控制电缆 B. 同轴电缆
C. BV 铜芯电线 D. 大对数铜芯对绞电缆

93. 自动控制系统工程量计量时，以"个"为计量单位的是（　　）。
A. 物性检测仪表 B. 仪表阀门
C. 执行仪表附件 D. 仪表附件

94. 与普通集线器相比，增加了网络的交换功能，具有网络管理和自动检测网络端口速度的能力的网络设备是（　　）。
A. 网卡 B. 交换机
C. 智能集线器 D. 服务器

95. 关于通信线路位置的确定，说法错误的是（　　）。
A. 宜敷设快车道下，也可在慢车道下，不宜在人行道下
B. 通信线路位置宜敷设在埋深较大的其他管线附近
C. 人孔内不得有其他管线穿越
D. 与道岔及回归线的距离为 5m

96. 根据相关规定，属于建筑自动化系统的有（　　）。
A. 给排水监控系统 B. 电梯监控系统
C. 计算机网络系统 D. 通信系统

97. 红外线入侵探测器体积小、重量轻，应用广泛，属于（　　）。
A. 点型入侵探测器 B. 直线型入侵探测器
C. 面型入侵探测器 D. 空间入侵探测器

98. 在综合布线系统中起着重要作用，可安装在配线架或接线盒内，一旦装入即被锁定的信息插座模块为（　　）
A. 5 类信息插座模块 B. 千兆位信息插座模块
C. 超 5 类信息插座模块 D. 8 针模块化信息插座

99. 垂直干线子系统布线的距离与（　　）有关。
A. 信息传输速率 B. 信息编码技术
C. 线缆和相关连接硬件 D. 主控模块

100. 建筑智能化工程量计量时，按设计图示面积"m^2"为计量单位的项目有（　　）。
A. 停车场管理设备 B. 扩声系统设备
C. 光端设备安装 D. 安全检查设备

2019年度全国一级造价工程师职业资格考试试卷
《建设工程技术与计量（安装工程）》参考答案及详解

必做部分

一、单项选择题

1. B	2. B	3. A	4. D	5. C
6. A	7. C	8. D	9. B	10. C
11. B	12. A	13. C	14. C	15. D
16. A	17. B	18. C	19. D	20. C
21. A	22. C	23. D	24. C	25. A
26. D	27. C	28. B	29. D	30. C
31. A	32. A	33. B	34. D	35. C
36. B	37. A	38. A	39. C	40. B

二、多项选择题

41. AB	42. CD	43. ABC	44. ACD	45. BCD
46. ABC	47. AD	48. BC	49. AD	50. AB
51. BCD	52. AC	53. AB	54. AB	55. ABD
56. ABC	57. ACD	58. BCD	59. AC	60. CD

选做部分

一、管道和设备工程

61. A	62. D	63. D	64. BCD	65. B
66. D	67. B	68. ABD	69. BD	70. C
71. AC	72. AC	73. C	74. B	75. BCD
76. CD	77. A	78. C	79. ACD	80. AC

二、电气和自动化控制工程

81. D	82. C	83. AC	84. D	85. BC
86. CD	87. A	88. BD	89. D	90. C
91. BD	92. D	93. BD	94. C	95. AB
96. AB	97. B	98. C	99. ABC	100. AD